小草食动物生态农庄规划图

设计者：陈梦林 中国兽医科学研究院研究员

彩图1　银星竹狸（雄性）

彩图2　银星竹狸（雌性）

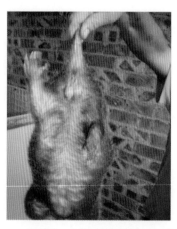

彩图3　中华竹狸（雄性）

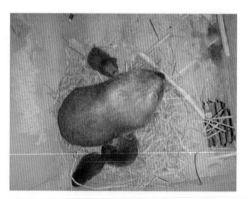

彩图4　中华竹狸（雌性）

彩图5　大竹狸（红颊竹狸）

彩图6　4070克的大竹狸（贵州）

彩图7　小竹狸

彩图8　红眼竹狸（新发现品种）

彩图9　熊猫竹狸（花白竹狸选出）

彩图11　全国最早成立的竹狸培训中心

彩图10　作者在贵港市北斗星养殖发展公司授课（1998年）

彩图12　经过生态还原的商品竹狸

彩图13　香竹狸（桂林农森公司产品）

彩图14　在建中的竹狸生态还原创业示范基地30个养殖小区分布在竹福星的3万亩甜竹林

竹狸

高效养殖与加工利用

一学就会

陈梦林 韦永梅 主编 农冠胜 副主编

ZHULI

GAOXIAO YANGZHI

YU

JIAGONG LIYONG

YIXUEJIUHUI

 化学工业出版社

·北京·

本书由具有丰富实践经验的专家编著。书中详细介绍了竹狸的品种特征、驯养方法、饲养标准、人工繁殖高产技术、竹狸疾病防治及其产品加工利用技术，着重介绍了竹狸产业化大生产的组织和还原生态饲养竹狸法。

本书从研究竹狸食物结构及其人工生物链入手，然后进行仿生、优生再还原为野生。通过仿生驯养的野生经济动物成功后，就用优生迅速提高产量，然后再用一段时间来回归自然，使其肉质和药用功能还原到野水平。从而大幅度提高饲养野生竹狸的经济效益。

本书内容丰富，技术新颖，方法独特，通俗易懂，可读性和操作性都很强；从书中可获得高效养殖竹狸的成功秘诀，适合有志于饲养竹狸创业致富的农民朋友、城镇养殖专业户、农村职业高中、农业院校师生和广大畜牧兽医工作者阅读。

图书在版编目(CIP)数据

竹狸高效养殖与加工利用一学就会/陈梦林，韦永梅主编.—北京：化学工业出版社，2014.6（2016.3 重印）
（饲药用动植物丛书）
ISBN 978-7-122-20830-9

Ⅰ.①竹…　Ⅱ.①陈…②韦…　Ⅲ.①竹鼠科-饲养管理②竹鼠科-畜产品-加工　Ⅳ.①S865.2②TS251

中国版本图书馆 CIP 数据核字（2014）第 116075 号

责任编辑：李　丽　　　　文字编辑：余纪军
责任校对：陶燕华　　　　装帧设计：张　辉

出版发行：化学工业出版社（北京市东城区青年湖南街 13 号　邮政编码 100011）
印　　刷：北京永鑫印刷有限责任公司
装　　订：三河市宇新装订厂
850mm×1168mm　1/32　印张 9　彩插 2　字数 230 千字
2016 年 3 月北京第 1 版第 2 次印刷

购书咨询：010-64518888（传真：010-64519686）　售后服务：010-64518899
网　　址：http://www.cip.com.cn
凡购买本书，如有缺损质量问题，本社销售中心负责调换。

定　　价：29.00 元　　　　　　　　版权所有　违者必究

编写人员名单

主　　编　陈梦林　韦永梅

副 主 编　农冠胜

参编人员　（按姓氏笔画排列）

韦永梅（广西良种竹鼠培育推广中心）

农冠胜（广西百色市平果县海城乡竹
鼠养殖基地）

何韦华（柳城县巴山乡大森林特色养
殖专业合作社）

陈梦林（广西良种竹鼠培育推广中心）

诸葛勤赏（桂林森农竹鼠养殖公司）

前言

　　竹狸（又有竹鼠等多个别称）是我国南方省区分布较广的珍贵野生动物，具有较高的营养价值和药用价值。竹狸肉质细腻精瘦，属于低脂肪高蛋白肉类，是具有保健美容功能的高级食品。我国考古学家在汉代马王堆古墓中出土了许多罐封狸肉干，说明在当时狸肉已成为帝王阶层喜爱的珍肴。如今随着人民生活水平的提高和旅游业的迅速发展，作为宫廷佳肴的竹狸食品日益受到消费者的青睐。近年来，由于人工捕捉过多，野生竹狸资源急剧枯竭。为了开发利用竹狸这一宝贵资源，陈梦林经过多年潜心研究与实践，攻克了野生竹狸的驯养、人工繁殖和一些高产技术难题，在广西南宁建成了当时我国最大的竹狸养殖技术培训中心和科普示范基地。如今发展壮大成为广西良种竹狸培育推广中心。

　　与其他养殖业比较，养殖竹狸有六大优点。一是绿色、环保、低碳、高效、风险小的新兴养殖业。二是不与人争粮，也不与牛、羊争料。三是竹狸营造洞穴生活，可在室内、地下室营造窝室实行工厂化、立体化饲养。四是容易饲养，1个劳动力可饲养300～500对。五是尿少粪干，栏舍没有一般野生动物的腥膻味，比养殖其他畜禽干净、卫生。六是抗病力强、繁殖快、效益高。饲养1对种竹狸1年产值1000元，超过目前农村饲养2头肉猪的纯收入。

　　当前，许多地方驯养野生经济动物成功后，人们惊奇地发现，家养的野生经济动物肉质发生了根本变化，肉味没有野生的那么鲜美了；一些药用动物家养后药用功能降低了，这是生态环境和食物结构被人为改变后产生的结果。

笔者从事野生经济动物研究、驯养20余年，归纳出12个字，即"模拟生态，优于生态，还原生态"。

"模拟生态"就是仿照野生经济动物原来的生活环境，尽量在窝室建筑和饲养管理上创造接近它原来的生活条件，这样驯养就会获得成功，但是不能获得高产。因为现在大气污染、自然环境恶化，野生动物能采食到的天然食物已没有原来那么多、那么丰富，很难发挥其潜在的生长优势，所以生长缓慢，繁殖低下。必须在模拟生态的基础上，运用科学的方法进一步优化生态条件，为驯养的野生经济动物提供比自然界更充足的蛋白质、维生素和矿物微量元素，这样才能使家养的野生经济动物生长快、产仔多且成活率高，从而达到高产的目的。但是，一些植食性动物在自然界中所需的蛋白质，是靠采食各类植物的根、茎、果实而获得的。家养后，改喂含有较多鱼粉的人工配合饲料，违背了它们原来的生态条件，改变了它们的食物结构，所以会出现肉质变差、药用功能降低的现象。随着生长速度的加快和生产规模的扩大，这一现象又更加突显出来，使家养的野生动物市场价格大大降低。所以，还要对已获得高产的家养野生动物进行生态还原，让它们重新回归大自然。这样，才能达到既高产又优质。可以说，"模拟生态、优于生态、还原生态"是驯养野生经济动物的一条重要法则。人工养竹狸也必须遵守这一法则。

陈梦林在《特种养殖活体饵料高产技术》（上海科学普及出版社2000年出版）中，首次提出"模拟生态，优于生态"的理论，后来经过8年多的实践，发现"模拟生态，优于生态"的理论只适合当时的小规模生产，不适合正在发展的产业化大生产。是现代工业产业化大生产的饲料生产工艺流程彻底改变了模拟生态的养殖方式，结果表明，生产规模越大，肉质变性越严重。为了解决这个问题，他开展了对不同特养品种人工生物链技术全面研究，确定既要质量又要产量，既要速度又要效益的目标，补充提出"还原生态"的理论。

要想驯养的野生经济动物竹狸获得高产又保持原有野生特色，

必须认真研究其自然生态，从研究其食物结构及其人工生物链入手，然后进行仿生、优生再还原为野生。仿生——环境是重点，优生——营养是重点，还原——品质是重点。通过仿生驯养的野生经济动物成功后，就用优生迅速提高产量，然后再用一段时间来回归自然——在创造生态环境和人工生产新鲜饲料上下功夫，将其还原为野生状态，使其肉质和药用功能还原到野生水平，从而大幅度提高饲养竹狸的经济效益。当前，生态养竹狸产业化条件已经成熟。大力发展生态竹狸业，不仅可以大幅度降低饲养成本，提高竹狸产品的产量和质量，还能充分利用废物，化害为利，推动环保养竹狸产业发展；并以最低的生产成本，建立人工养殖竹狸生态良性循环，较好地实施竹狸可持续发展战略。

本书是我们从事竹狸驯养繁殖研究多年的成果。它详细介绍了竹狸的生活习性、生长繁殖过程、驯养方法、饲料配方以及常见病防治，并对低投入、高产出办好竹狸养殖场、养殖基地以及竹狸产业化大生产的组织、经营管理作了全面阐述。本书文字通俗，可读性和实用性都很强，可供农村、城镇养殖专业户、养殖投资商、农业院校师生和广大畜牧兽医工作者参考。

本书在编写过程中，参阅了一些同类著作及网络媒体报道，并引用其中文字、图片，在此谨向有关作者表示感谢。由于编著者水平有限，加上编写时间仓促，书中难免有疏漏之处，敬请广大读者和专家批评指正。

编者

于广西良种竹狸培育推广中心

2014 年 5 月

目 录

第一章
概　述

　　竹狸又名竹鼠、竹根鼠、竹根猪、花白竹狸、粗毛竹狸、拉氏竹狸、芒狸、冬芒狸、竹鼬、茅根鼠、芭茅鼠，在动物分类学上属于脊椎动物亚门、哺乳纲、啮齿目、竹狸科，竹狸属，是竹狸属类的通称。竹狸是一种体形较大的啮齿类动物，因主要吃竹而得名。

　　竹狸是我国南方省区分布较广的珍贵野生动物，它以较高的营养价值和药用价值闻名于世。竹狸没有一般野生动物的腥膻味，其肉细腻精瘦，味道鲜美。竹狸肉在宴席上可与果子狸媲美，被列为山珍上品，是国内外正在掀起的新潮小康滋补食品。

　　竹狸是一种繁殖力极强的节粮型小型草食动物，它白天在洞穴中生活，晚上才出洞觅食。因此，它的生长繁殖不需要阳光，可在室内营造窝室，实行立体化、工厂化饲养。

　　竹狸以竹、甘蔗尾和农作物秸秆为主食，被称为农作物的"清道夫"。养殖竹狸是绿色、环保、低碳、高效、风险小的新兴养殖业，也是一项占地少、少用粮、低投入、高产出、快速致富的新门路。

第一节　竹狸的品种及地理分布

　　全世界竹狸共有3属6种，主要分布在非洲和亚洲。非洲竹狸属2种，为东非所特有；竹狸属3种、小竹狸属1种、新发现红眼白竹狸1种，为亚洲所特有，见于中国南部等地。中国的竹狸属有大竹狸、中华竹狸、银星竹狸、小竹狸和新发现的红眼白竹狸，主要栖息于秦岭以南山坡竹林、马尾松林及芒草丛下，营地下生活，以竹、芒草的地下茎、根、嫩枝和茎为食。竹狸在我国分布甚广，广西、广东、福建、安徽、云南、贵州、四川、湖北、湖南、江西、陕西、甘肃等省区均有野生竹狸。现在南方省区大多数地方驯养的野生竹狸多为银星竹狸。

一、银星竹狸

（一）银星竹狸品种特征

银星竹狸又称花白竹狸、粗毛竹狸、拉氏竹狸。

银星竹狸身体形粗壮，呈圆筒形，成年体重 1.25～2.25 千克，最大个体可达 3 千克 。银星竹狸体被密而长的绒毛，体背面呈浅灰褐色或淡褐色，有许多尖端呈白色发亮的粗毛，并因此得名。身体腹面毛色较淡，粗毛较为短少，且无白色针毛。尾巴长几乎完全裸露无毛，仅在尾基部有少量灰褐色稀毛，前、后足背面毛短，呈褐灰色，足底裸露。乳头 5 对：胸部 2 对，腹部 3 对，其中胸部第一对不发达。小肠短于大肠。

银星竹狸体长 220～330 毫米，尾长 60～100 毫米，后足长 40～50 毫米，耳长 13～20 毫米。颅长 68～69 毫米，颧宽 45～50 毫米，鼻骨长 24～26 毫米，眶间宽 10.5～13.5 毫米，腭长 80.7～33.6 毫米，听泡长 10.5～11.5 毫米，上齿隙长 18.9～21.1 毫米，上颊齿列长 13.5～15.2 毫米。颅骨宽短，宽约为长的 74.7%。左右颧弓呈圆弧形。颅顶后部略呈拱形，颅与下颌骨约等高。鼻骨后端中间尖，超出前颌骨后端或同在一水平线上，同时也达眼眶前缘水平线。上门齿是垂直的。上齿隙远长于上颊齿列长（见图 1-1 和文前彩图 1、彩图 2）。

图 1-1　银星竹狸

银星竹狸栖息于较低的山区林带。营掘土地下生活，通常在竹林下或大片芒草丛下筑洞。1个洞系一般只有1个洞口，洞口多被从洞内抛出的土壤堵塞，洞系简单，只包括若干洞道、1个窝巢、1个躲避敌害的盲洞和1个便所。窝巢直径约2～12厘米，常辅以干草或堆积一些芒草、竹之类食物，为进食、休息等活动场所。除繁殖时期外，通常1个洞穴只居住1狸。主要在夜间活动，以地面采食为主，常以苇草根、白茅根、竹根、竹节、竹叶、竹笋为食，也将竹和芒草等植物的根和茎部拖入洞内啃食。

银星竹狸四季均能繁殖，春、秋季为繁殖高峰期，但以11～12月和3～7月间怀胎母狸较多，妊娠期孕期49～68天。每胎1～5仔。一般为2～3仔。初生幼仔体重35～40克，裸露无毛，眼闭。5天后体毛可见，7天耳壳逐渐伸直，20天体毛色似成体毛色，1个月后能吃硬的食物。35～40天断奶，开始能离开母狸独自活动。寿命约为5～6年。

（二）银星竹狸地理分布

在国内主要分布在广西、云南、广东、福建、江西、湖南、贵州、四川等地。国外见于老挝、越南、柬埔寨、缅甸和印度阿萨姆等地。

银星竹狸有4个亚种，我国有2个亚种：

1. 云南亚种

身体比较小，鼻骨后端超出前颌骨后端。分布在云南的勐腊、金子、蒙自等地。国外见于老挝和越南北部。

2. 拉氏亚种

身体比前一亚种略大些。鼻骨后端与前颌骨后端约在同一水平线上。主要分布于广西的柳州、桂林、南宁、崇左、钦州、百色、河池等市属各县山区，其中以大明山、大瑶山、十万大山山脉产出最多。福建的平和和龙溪，广东的汕头，贵州的贵阳、榕江、贵定、平塘和三都也有分布。

（三）广西新良种银星竹狸的特点

广西新良种银星竹狸（见彩图1、彩图2）是从老品种银星竹狸中选育出来的早熟高产品系。和原来的银星竹狸体形、毛色完全相同，从外表上无法区分。它除了具备普通竹狸5大优势外，还另有6大特点。

1. 早熟、高产

其野生环境是甘蔗地，世世代代在农作物地区中生活，食物充足。获得营养比其他的野生银星竹狸多，所以慢慢形成早熟、高产的品系。

2. 温顺，不逃跑

狸池比老品种的矮20厘米。野生状态下已经和人类处在同一环境中，和人相处并不陌生，所以能很快适应家养。不攀爬，不逃走，饲养管理很方便。节约建设狸池材料25％～30％，1人可养300～500对。

3. 繁殖周期缩短

怀孕期只有42～48天，比老品种缩短12～18天。通过高科技可设计出70天的繁殖周期，为年产5胎提供了充足的时间。

4. 对饲料要求不高

有甘蔗、玉米粒和生态全价配合饲料就能养好。

5. 育成时间短，成本低

商品狸育成时间4个月，比老品种缩短2个月。生长快，4月龄就达到1500～2000克出栏标准（如果采用还原生态养殖新技术，还原生态需要30～45天时间）。育成1只商品狸成本仅30元左右。

6. 抗病能力比老品种银星竹狸强

几年来在原产地，农村家家户户都养，很少发生传染病。

二、中华竹狸

（一）中华竹狸品种特征

中华竹狸个体比银星竹狸小得多，因其最早作药用，写入《中国药典》而得名。据《广西药用动物》介绍：中华竹狸成年体

竹狸高效养殖与加工利用一学就会

重 800 克左右。它身体肥，四肢短、头圆而大、颈短、眼小、门齿发达。其耳壳圆短，为毛所遮盖。尾也短小，尾上有棕灰色均匀的稀毛。中华竹狸体长 210～380 毫米；尾长 50～95 毫米，后足长 35～60 毫米，耳长 15～20 毫米。颅长 62～87 毫米，基长 60～82 毫米，腭长 38～55.5 毫米；颧宽 38～66 毫米；乳突宽 29.6～44.6 毫米，眶间宽 10.8～12 毫米；鼻骨长 24.2～26 毫米；吻宽 18.8～18 毫米；听泡长 7.1～10.6 毫米；上齿隙长 18～24 毫米；上颊齿列长 14～18.8 毫米。

中华竹狸体毛密厚柔软，毛基灰色，毛尖发亮，呈淡灰褐色、粉红褐色或粉红灰色，体腹面一般略较体背面淡，前后足的爪坚硬，呈橄榄褐色。颅骨粗大，呈三角形。颧弧甚为宽展，约为颅长的 75.8%～76.1%，为竹狸中颧宽指数最大的 1 种，颧弧几乎呈等边三角形。吻也甚宽，约为颅长的 23%。鼻骨后端与前颌骨后端几乎在同一水平线上。眶前孔位于颧板背面，其长轴是左右横向的，孔的内侧宽于外侧。颅骨上面微呈弧形。矢状嵴和人字嵴均甚发达。枕骨板向下倾斜。门齿甚为粗大，上门齿呈深橙色，垂直，不为唇所遮盖。上齿隙明显长于上颊齿列。左右上颊齿列前端相距略较后端的窄，左右下颊齿列则相反。另外上颊齿列从第一臼齿到第三臼齿咀嚼面呈凸弧形，而下颊齿列咀嚼面从前至后即呈凹弧形，上下相配合，与河狸的上下颊齿列相似，这显然与用下门齿啃咬植物的茎枝及地下根茎的坚硬木质有密切关系。在上颊齿列中，以第二臼齿前端为最高，而下颊齿列最高的乃是第一臼齿前端。颅高超过下颌高。

中华竹狸通常栖息于山区竹林地带，也有生活在芒丛及马尾松林内土质疏松的地方。营掘土生活方式。它们通常在竹林下挖掘洞道穴居，啃咬洞道周围的竹根、未出土的竹笋，并将竹子拖入洞内咬成小段啃食。洞道复杂、迂回曲折，长一般为 11～44.5 米，洞宽 17～23 厘米，高 16～22 厘米．洞道主要是取食道，离地面一般约 20～30 厘米，常有 4～7 个分支。每一洞系有 4～7 个土丘，近圆锥形，直径 50～80 厘米，高 20～40 厘米，系由洞内挖掘和抛出洞外的土壤所形成。洞口为土丘所堵塞，仅在求偶交配时始将洞口暂时开放。洞系中有窝巢，筑在近土丘和避难洞的取食洞道上，为竹狸住处和产仔育幼场所。窝巢直径 22～25 厘米，高 20～23 厘米，铺以许多细竹丝、竹根、竹枝、竹叶和细树根．洞系中除取食洞道列，还有长 3.5～13.5 米。距地面深达 1.5～3.5 米的逃避敌害安全洞。它们昼夜活动，除以竹根、地下茎和竹笋为食外，也吃草籽和其他植物。在南方通常一年四季皆能繁殖。每胎 3～8 仔。

（二）中华竹狸地理分布

中华竹狸又称普通竹狸、芒鼠、竹鼬、竹根鼠。主要分布在我国的中部和南部地区，如广东、广西、云南、福建、湖南、贵州、江西、四川西部、湖北北部、甘肃和陕西南部，安徽大别山和浙江南部的泰顺也有分布。国外缅甸北部和越南等的也有分布。

中华竹狸在我国有 4 个亚种：即指名亚种，福建亚种，四川亚种，云南亚种。

1. 指名亚种

分布于广东北部、广西中部。

2. 福建亚种

分布于福建的崇安、南平、龙溪、福州和福清等地山区，浙江南部的泰顺，贵州的江口和罗甸也有分布。

3. 四川亚种

分布于四川中部的汉源、石棉、峨眉、乐山、荣经、雅安、洪雅、天全、宝兴和崇庆至北部的绵竹、江油、平武和南江，东北部的通江和墟口，以及东南部的涪陵、南江等地；甘肃南部与四川北部的交界地区和陕西南部的汉中、安康、商洛地区的高山区各县，以及关中地区个别靠秦岭的县，其中商洛地区可以说是普通竹狸最北的分布范围，而且也是竹狸科的分布北限。

4. 云南亚种

分布于云南的丽江、大理、兰坪、哀牢山一带。

竹狸高效养殖与加工利用一学就会

（三）中华竹狸与银星竹狸的区别

① 中华竹狸个体小，银星竹狸个体大。

② 银星竹狸体背面有许多尖端呈白色发亮的粗毛，纯中华竹狸没有。在人工养殖的中华竹狸中见少数也在体背面杂有少量尖端呈白色发亮的粗毛，而且个体比较大，那是银星竹狸与中华竹狸杂交的后代，不是纯种中华竹狸。

③ 中华竹狸尾短小，尾上有棕灰色均匀的稀毛，银星竹狸尾长，几乎完全裸露无毛。

三、大竹狸

（一）大竹狸品种特征

大竹狸又称红颊竹狸。

大竹狸有抗病力强、性情温顺、容易繁殖、不吃仔等优点。它是个体最大的竹狸，一般体重在 3～6.5 千克，最大不会超过 7.5 千克，皮很厚，成年大竹狸人工养殖后毛色黑黄，脸颊两边呈锈红色或明显深黄色，毛根粗大，形似小猪毛或者狗毛，尾巴最末端都有一小段白色印记作为明显标志。大竹狸分布区狭窄，数量稀少。它清晨和黄昏外出活动，以竹根、竹笋为食，也食其他植物。野生状态在地下生活，以荸草根、白茅根、竹根、竹节、竹叶、竹笋为主食，仿生态养殖食料为玉米、甘蔗、竹子、木薯干、新鲜玉米秆、竹王草、胡萝卜等。四季繁殖，春、秋季节为繁殖高峰期，通常 2～4 月和 8～10 月繁殖交配，孕期 60 天；每胎 3～5 只，哺乳期 40 天。野生大竹狸与人工繁殖的二代进行杂交，可提高抗病力和繁殖力。

因大竹狸肉口感好，特别好吃，其价格特别高，每千克售价格要比银星竹狸高 40 元左右。在养殖上，大竹狸不会出现吃仔和弃仔的情况，其成活率要比银星竹狸高，母鼠断奶后更容易合群。但是它却很娇气。养殖起来要特别的细心。适合银星竹狸的饲料配方用于大竹狸第二天就会出现眼屎、流鼻血的状况。除此之外，大竹狸很容易发生厌食的情况，同一种饲料，它吃几天就不吃了，所以要有特别的照顾。也许是因为大竹狸生活在热带雨林的缘故。

大竹狸种的身体较大，头圆、吻钝、眼小、耳短。体长375～480毫米，体重2150～2750克，尾长140～190毫米，后足长50～68毫米，耳长25～28毫米。颅长87.8～90.5毫米，颅基长82.7～86.4毫米，颧宽61～65毫米，后头宽39.5～40.4毫米，鼻骨长26.5～27.9毫米，眶间宽11.4～14.7毫米，上齿隙长28.3～30毫米，上颊齿列长16.3～17.5毫米。

大竹狸种体毛粗短而稀薄。体背面棕灰色，有光泽，毛基白色，头顶和颈背部多黑色，两颊呈锈红色，体腹面淡褐色，杂有稀少的白毛，前后足的背面被褐色短毛，其下面裸露，尾粗大无毛。乳头5对，胸部2对，腹部3对。颅骨粗大。吻部较短。矢状嵴和人字嵴均甚发达。颧扩展，颧宽约为颅长的74.6%。颅顶几近平直，脑盒较小，不如上述两种的发达。鼻骨外侧平直，后部较为狭窄，其后端明显地超出前颌骨后端。上门齿不甚垂直，略向前斜。下颌骨较为发达，后部甚高，超过颅骨高度，约为后者的113.5%。隅突很发达，后缘呈圆形。

大竹狸栖于山区竹林地区。在竹丛下挖洞。洞道相当复杂，长达9米之多，离地面最深处达1米多。洞穴有1～6个洞口，洞口直径11～14厘米。洞口外常有抛出的大土堆，有堵洞习性。清晨和黄昏到洞外活动，日间潜居洞中。主要以竹的地下茎、根和竹笋为食。雌雄同穴。寿命约为4年。

（二）大竹狸地理分布

大竹狸种分布于印度尼西亚苏门答腊，马来亚，泰国，老挝，缅甸，越南和我国云南西双版纳的勐海、景洪和橄榄坝等地。

本种有2个亚种，我国仅有灰色亚种，分布于我国云南以及缅甸、泰国、老挝及越南等地。

四、小竹狸

(一)小竹狸品种特征

小竹狸因个体小而得名。它身体较小,体长147～265毫米,尾长60～75毫米,后足长31～38毫米,体重500～800克。身较矮也较壮,无颊囊,眼、耳均小,肢短、爪长而坚硬。体毛密厚,尾毛甚薄,后足足底肉垫光滑无毛;体色从肉桂色和栗褐色至灰带铅色,体腹面灰白色,头顶有时有1白色纵纹,颏至喉部有1短白带。乳头4对。胸部2对,腹部2对。颅骨甚宽展,宽约为颅长的83%。鼻骨长约为颅长的85.5%,其后端超过眼眶前缘水平线。上门齿远向前突出,这是它的主要特征。小竹狸穴居于草地和树林等生境,多在芭蕉芋、木薯地等环境中挖洞生存,有时也在花园筑洞,用门齿及爪挖掘洞道,速度甚快。洞道常筑在地下有石块的坚硬土地之中。日间睡于洞中,傍晚出洞活动。虽称竹狸,但实际上是以多种植物为食,其中包括嫩草、根以及去壳的稻谷、南瓜等农作物。孕期40～48天,每胎1～5仔。

(二)小竹狸地理分布

小竹狸生长在中缅边境一带海拔600米左右的热带雨林和边上的竹丛中,分布区狭窄,数量少,属于稀有种。小竹狸分布在我国云南南部以及缅甸、泰国、尼泊尔、印度阿萨姆、老挝及越南北部。

五、红眼白竹狸

(一)红眼白竹狸品种特征

红眼白竹狸是新发现的竹狸品种。非常稀少。现在饲养的白竹狸有两种:一种是黑眼白竹狸,是银星竹狸的变种,因为它的后代有时转复还原为白花竹狸,这说明它的祖宗是银星竹狸。另一种是红眼白竹狸,它繁殖的后代全部是红眼白毛的,这说明它的祖宗不是银星竹狸，而是竹狸的一个新品种。红眼白竹狸体型、特征、生活习性与银星竹狸完全相同，只是眼红身白如兔子，特别温顺和美丽，数量非常稀少而珍贵。

（二）红眼白竹狸分布

红眼白竹狸分布与银星竹狸的分布相同。

 第二节　竹狸生活习性

一、竹狸生活习性表现

竹狸它以芒草根、竹枝叶、竹笋、竹根、茅草根、芒草秆、红薯、木薯、象草秆、鸭脚木、芒果树枝以及一些杂草种子和果实为主食，也采食禾本科植物如玉米、高粱、稻谷、小麦、甘蔗等的根、茎、叶和种子，还喜欢吃胡萝卜、荸荠、凉薯、西瓜皮和甜瓜皮。人工驯养后，对配合饲料、瓜子、大米饭尤为喜爱。可见竹狸对食物要求不严格，饲料来源广泛。竹狸食量少，1只成年竹狸1天仅消耗精料40～50克，粗料200～250克。白天少吃多睡，夜间采食旺盛。它仅从饲料中摄取水分而不直接饮水，因此要注意饲料含水量，夏天高温宜喂含水较多的饲料，冬天低温则相反。竹狸属夜行性动物，野生时穴居洞内，喜在阴暗、凉爽、干燥、洁净的环境中生活。它耐低温，怕酷暑，尤其怕阳光直射，也怕风吹雨淋，如冬天冷风直吹又缺少窝草就极易死亡，所以防风比防热更为重要。竹狸生长繁殖的适宜温度是8～28℃，经人工驯养后，亦能逐渐适应高温环境，如环境安静，饲料配合得好，酷暑期也能配种和正常繁殖。当环境温度过高时，表现为采食减少，腹部朝上而睡，骚动不安，半小时后死亡；而温度过低时，表现为腹部紧缩，爬动不安，"哇、哇"鸣叫。竹狸喜在安静环境中生活，怕人为刺激，如受强烈刺激，便发出"咯、咯、咯"或"呼、呼"的声音。竹狸喜公母群居，陌生幼狸合养很少打斗，只有在抢吃、闻到特殊气味或受到强烈刺激产生惊恐时，才互相撕咬。将装过家狗、野猫及其他野兽的铁笼移近狸池，竹狸闻到天敌的气味，也会惊恐不安而互相撕咬。青年或成年竹狸混养时，先是互相闻味，如果是发情公母狸就很少撕咬，如果是未发情的两只公、母狸，则打斗不休。不同族的两只公狸放在一起也会斗个你死我活。原来配对的公、母狸，因产仔而分开，断奶后重新合群，有时也会撕咬。如果公狸进窝见到带仔母狸时，往往先将仔狸咬死才与母狸同居（在极个别情况下，公母狸合养，母狸产仔时，公母不分开仍能和平共处）。因此在母狸产仔时，公母狸必须分开饲养，要严防公狸窜入带仔母狸池，以免造成不必要的损失。

野生竹狸多穴居于竹林或茅草山地洞穴，其洞道复杂，分为主洞道、穴窝、取食洞和避难洞等。主洞道距地面20～30厘米，与地面平行分布。穴窝位于主洞道中，内垫有竹叶、竹枝、树叶或干草，是休息和繁殖场所。取食洞为主洞道的分支，是为取食竹子或芭草地下茎而挖的洞道。避难洞位于穴窝附近的深处，距地面0.5～1.5米。竹狸受惊时即钻入避难洞中并继续向前挖掘，不断用泥土堵塞洞道。

二、竹狸生活习性成因歌诀

野生竹狸驯养技术程序及驯养成功后的一切饲养管理措施、高产技术措施的制定都是以竹狸生活习性为理论依据的。所以，熟悉、牢固掌握竹狸生活习性，对养好竹狸至关重要。为此，在介绍了竹狸生活习性表现后，再对这些生活习性形成的原因进行分析，编成歌诀，以帮助读者更好地理解和记忆。

野生状态，自然选择，适应环境，习性独特。

洞穴为家，昼伏夜出，夜间觅食，日睡洞中。

啮齿动物，门牙无根，不断生长，需要磨平。

啃食硬物，昼夜不停，不为营养，求磨牙平。

洞穴干旱，无水可饮，从食吸水，能忍干渴。

素食为主，水少料粗，尿少粪干，生长缓慢。

生在蔗区，喜食甘蔗，水足糖多，早熟高产。

喜凉怕热，容易中暑，喜干怕湿，潮湿多病。

用嘴拱粪，推出窝外，清除垃圾，窝室干净。

喜欢群居，需是同族，一窝一群，领地分明。

陌生相遇，气味不同，互相撕咬，决一雌雄。

母狸吃仔，原因多种，产后失水，不得补充。

多汁饲料，十分重要，繁殖期间，不可缺少。

仔多奶少，母狸烦躁，咬仔吃仔，时有发生。

胆小怕惊，喜欢宁静，强烈刺激，惊恐不安。

洞内无风，洞外不同，冷风直吹，死在池中。

建保温槽，筑安全洞，躲避天敌，避免冷风。

野生家养，合群驯食，喝奶喂水，都能适应。

野生幼狸，容易驯养，直立站起，驯好标志。

 ## 第三节　竹狸全身都是宝

竹狸是我国南方省区分布较广的珍贵野生动物，具有较高的营养价值和药用价值。竹狸食品是具有保健美容功能的高级食品。竹狸全身都是宝，其产品具有较强的深加工潜力和市场拓展功能。

一、竹狸的营养价值

竹狸肉质细腻精瘦，属低脂低醇肉类，富含磷、铁、钙、维生素 E、B 及多种氨基酸，尤其是人体必需的赖氨酸含量丰富。竹狸肉的赖氨酸、亮氨酸、蛋氨酸含量比鸡、鸭、鹅、猪、牛、羊、虾、蟹肉中的含量都高。竹狸食性洁净，肉质味极鲜美，被视为野味山珍上品。《本草纲目》记载："竹狸肉甘、平、无毒，补中益气，解毒。"我国自古就有许多吃竹狸的历史记载：早在周朝已视竹狸为上等肉，食竹狸风俗成风，《公食大夫》中说，周代能吃竹狸肉的只有三鼎以上的公卿大夫；唐代《朝野佥载》曰："岭南撩民，好为卿子鼠"。明代李时珍《本草纲目》记载："竹鼠（竹狸）大如兔，肉味甘、平、无毒。人多食之"。清史载："鼠脯佳品也，灸为脯，以待客，筵中无此，不为敬礼"。我国考古学家在汉代马王堆古墓中出土了许多罐封鼠肉干，进一步证明在当时鼠肉已成为帝王阶层喜爱的珍肴。这一古老的食竹狸风俗从秦岭至岭南广大地区一直沿用至今。如今随着人民生活水平的提高和旅游业的迅速发展，作为宫廷佳肴的竹狸类食品日益受到消费者的青睐。加上现代医学研究表明，竹狸肉是营养价值高、低脂肪、低胆固醇、高蛋白，具有促进白细胞和毛发生长、增强肝功能的作用。对抗衰老、延缓青春期有良好效果，是天然美容和强身佳品。由于对竹狸营养价值的宣传，使人们把竹狸与美容、保健、抗衰老联在一起，在国内迅速掀起吃竹狸的时尚追求。竹狸肉味鲜美，宴席上可与果子狸媲美，被列为山珍上品，成了宾馆、酒楼及一般饭店抢购的山货。历来广东粤北地区视银星竹狸为上等野味，目前竹狸肉已成为广东、上海、杭州、苏州、温州、海南、广西、贵州等地的新潮食品，从家庭餐桌登上了高档的宴席，为饮食文化增添了光彩。

二、竹狸的药用价值

竹狸还可以入药治病。《本草纲目》记载：竹狸"有调经、护发、补血、益气、滋阴壮阳、消肿毒"等特殊疗效。据民间中医验证：竹狸牙齿磨粉，可治跌打刀伤、消肿止痛。据《广西药用动物》介绍："将竹狸牙用油炸，研成粉，每服0.3～0.6克，开水送服，治小儿破伤风"。据《中国药用动物志》介绍："竹狸油脂能防蚊虫叮咬，治疗烧伤、烫伤、无名肿毒、美容等；竹狸血治疗哮喘有独特功效，胆汁滴入治耳聋"。现代医学也证明，竹狸肉有促进人体白血球和毛发生长，增强肝功能和防止血管硬化等功效。尤其是竹狸肉富含胶原蛋白，胶原蛋白是一种由生物大分子组成的胶类有机物，是构成人体皮肤、筋、腱、牙齿和骨骼等最主要的蛋白质成分，约占人体总蛋白质的三分之一，是肌肉必需摄取的营养物。常食竹狸能促进人体新陈代谢功能，降低细胞可塑性的衰退，增强肌肤弹性，防止皮肤干燥、萎缩、皱等，改善肌体各脏器的生理功能，抗衰防老。中医认为：竹狸的肝、胆、肉、骨头可直接入药，能治体虚怕冷、腰椎寒痛、阳痿早泄、产后病后体弱、神经衰弱、失眠、关节筋骨疼痛等病症；竹狸睾丸炒干后加冰片少许，冲开水吞服可治高烧不退、呕吐和风症；竹狸骨头浸酒，可治风湿、类风湿病；竹狸血清泡酒对治疗支气管哮喘病和糖尿病有特殊功效，对呼吸道炎症的治疗也有独特功效，经常服用能增强人体抵抗力和免疫力。

我国医药界历来把竹狸毛作为药用的一种原料，因竹狸毛的主要成分是硬质蛋白，经过水解后，可制成水解蛋白、胱氨酸和半胱氨酸等重要药品，民间常用于治疗小儿麻痹症、痘麻病；竹狸的内脏等下脚料可提取甘氨酸、胸腺肽、卵磷脂等生化药物；竹狸尾中的线状白筋可用作外科手术愈合线。

三、其他价值

国内已有食品厂家生产田鼠罐头畅销海外的报导。竹狸体重、出肉率、肉质、营养均优于田鼠，而且能实行立体化、工厂化饲养。专家们论证，开发竹狸肉食罐头前景十分广阔。竹狸皮张大，皮毛细软、毛绒丰厚、光滑柔润、色泽艳丽，皮板厚薄适中，易于鞣制，毛基为灰色，易于染色，是制裘的上等原料。尤其板皮是制上等皮革、皮鞋的好原料。其皮制成夹克、长大衣，色泽光亮、平滑、轻软、耐磨，外观可与貂皮媲美。国际市场上，一双竹狸皮鞋价格高达 2000～2500 元，一件翻毛竹狸皮大衣可卖 6000～8000 元。竹狸须是制作高档毛笔的原料。鼠尾中的线状白筋，可制成外科手术缝合线。竹狸血、牙、油均是制药工业原料。可以说，竹狸全身都是宝，其潜在价值亟待开发。

第四节　我国人工养殖竹狸发展历程

我国有组织地开展人工驯养野生竹狸是从 1995 年下半年开始的。当时传闻湖南永州有一家竹狸养殖公司，广西南宁地区科学技术协会（现在是广西崇左市科学技术协会）就组织一个 6 人科学考察小组前往考察，但是一个竹狸也没有见到。听当地人说："确实是有过这家公司，而且经营得很火爆，是在炒竹狸种的，前不久倒闭关门了。"科学考察小组返回广西桂北山区，却意外地看到农民家里有少量驯养的野生竹狸。考察回来后，领导班子进行研究，认为发展竹狸养殖是很有前途的项目，值得研究开发。于是进行科技立项，1996 年从桂林引进 6 组每组一公二母共 18 只，开始野生竹狸的驯养研究。今天，我国人工养殖竹狸艰难地走过了 18 年。回顾 18 年的发展历程，可划分为三个阶段。

一、搜集资料，跟踪研究，野生驯养、繁殖

此阶段由 1995 年 6 月至 1999 年 12 月，历时四年半。开始一年半是搜集资料，实地考察，跟踪研究。后三年是分期分批引进野生竹狸种驯养。经过几年的努力，先后掌握了野生竹狸驯养技术，并通过人工配合饲料、二次选育高产种群、同期发情试验、重配复配等措施，顺利攻克了竹狸人工繁殖技术难关，使人工饲养竹狸周期缩短 1/3，繁殖率提高一倍，从而使广西该项技术处于全国领先水平。广西南宁地区科协建成了我国最完善的竹狸养殖技术培训中心和科普示范基地。到 1999 年末，本中心先后为区内外提供良种竹狸种苗 1000 多对，帮助 180 多农户成功驯养野生竹狸，指导各地办起竹狸养殖场 40 个。先后两次空运 115 对竹狸种苗到云南省西双版纳安家落户。由陈梦林等编著的《竹狸养殖技术》一书，由广西科学技术出版社于 1998 年 9 月出版后，很快销售一空，1999 年上半年进行第二次印刷，还是供不应求。可见竹狸养殖正在各地升温。凡购买到《竹狸养殖技术》一书的人驯养

野生竹狸都能养成，但繁殖一般都不过关。该书出版一年，笔者收到全国各地读者来信来电 2000 多件。根据读者提出的 800 多个竹狸养殖难题，综合归类写成《竹狸高产绝招秘术——家养竹狸 200 问》一书，该书 1999 年 12 月出版后，回答了当时竹狸养殖的各种难题。人工驯养野生竹狸由广西推广到全国有野生竹狸分布的省区。

二、选育竹狸早熟高产品种

此阶段由 2000 年 1 月至 2010 年 4 月，历时 10 年零 4 个月。开始头 3 年选育工作比较顺利，通过二次选育高产种群和重配复配等措施，使母狸产仔数比原来提高了 30%。接下来四年多，由于项目承办单位南宁地区科协搬出南宁，负责竹狸项目的技术人员也全部退休了，加上"非典"发生后，竹狸养殖受到限制，南宁地区科协竹狸养殖技术培训中心和科普示范基地撤销了，竹狸养殖与研究进入低潮，但竹狸的品种选育工作并没有停止。因为这段时间农民养竹狸的积极性并未降低，由于"非典"发生，果子狸遭到封杀，竹狸正好在餐桌上取代果子狸。竹狸养殖虽受到限制，但并未完全禁止，原有的竹狸场都保存下来，甚至还在发展壮大。许多大竹狸场老总都是本书作者早期的学员，他们捧着《竹狸养殖技术》一书找到家来，请作者去指导。通过进场指导和调研使竹狸的品种选育工作得以延续。到 2008 年广西竹狸养殖有所好转，由限制改为鼓励。一些市县把竹狸养殖列入农民致富短平快项目和青年回乡创业首选项目来抓。广西各地的农民竹狸养殖合作社、回乡青年竹狸养殖创业基地纷纷成立，并得到地方政府财政资金扶持，2009 年一些市县还评选表彰了一批竹狸龙头企业。顺应潮流，"竹狸养殖技术培训中心和科普示范基地"在南宁养殖场重新挂牌，并发展成为广西良种竹狸培育推广中心。选育竹狸高产品种工作进入最佳状态，2010 年 4 月陈梦林等到广西最大的竹狸创业基地——柳州首个返乡农民工创业品牌基地——柳城县马山乡龙兴屯考察，发现那里家家户户都养竹狸，而且他们养的竹狸与其他地方养的竹狸大不一样，虽然同是银星竹狸，他们养的竹狸非常顺良、早熟，怀孕期仅有 42～48 天。通过原生态产地考察认证，艰苦寻找多年的银星竹狸早熟高产新的品种（品系）得以确认，从此开启了我国竹狸产业化大生产的新篇章。

三、竹狸产业化大生产模式技术设计与推广

由 2010 年 5 月至今，是产业化高产模式新技术形成阶段。早熟高产新的良种、广西各地历年积累的竹狸养殖好经验好方法，加上广西良种竹狸培育推广中心专家十多年的研究成果汇集在一起，通过优势相加、优势互补的整合，形成一整套理论与实践相结合、有充分科学依据的竹狸产业化高产模式新技术。采用这套新技术饲养良种竹狸，1 人可养 300～500 对，从出生到满 4 个月体重达 1500～2000 克出栏，1 年可出栏 3 批。人力、场地利用率比原来饲养老品种竹狸时提高 3 倍，经济效益提高 4 倍以上。

 ## 第五节　全国竹狸人工养殖现状

我国人工养殖竹狸最多的省份是广西，其次是湖南，再其次是江西、广东。此外，在贵州、云南、四川、重庆、福建、浙江、江苏、安徽、湖北、海南、陕西等省份都有很多养殖基地。据不完全统计，我国现有竹狸养殖场（户）4 万多家，存栏竹狸总数超过 2000 万只（其中种竹狸 800 万只），年产商品肉狸 5000 万只以上。而且竹狸养殖场（户）的数量以每年 20% 的速度增长。仅广西柳城县竹狸养殖场（户）就有 5200 多家，2011 年出售竹狸种苗 15 万对（组），出售商品竹狸 110 万只，年产值近 2 亿元，年利润达 1.5 亿多元。

一、广西竹狸养殖进入良性循环的"快车道"

一方面，是经过 10 年选种培育，广西良种竹狸培育推广中心

与各地良种竹狸场合作已经选育出早熟高产的新品种。到 2011 年春，广西新品种竹狸迅速扩大种群至 40 万对，发展成为广西竹狸的当家品种。从 2011 年下半年起，家养温顺的早熟高产良种竹狸种苗和生态养殖的商品肉鼠已主导市场。从而在广西大部分市、县已结束了持续十多年的竹狸野生驯养和高价炒种时代。另一方面，是近两年来我国竹狸养殖业随着消费市场扩大开始迅速升温，众多农民朋友纷纷引种养殖，需要提供大批竹狸种源，巨大的市场需求和产业化生产条件日趋成熟，使广西的竹狸养殖业进入了良性循环的"快车道"。

二、国内消费市场趋于成熟

竹狸肉质细腻精瘦，味道鲜美。我国考古学家在汉代马王堆古墓中出土了许多罐封狸（鼠）肉干，说明当时狸肉已成为帝王阶层喜爱的珍肴。如今随着人民生活水平的提高和旅游业的迅速发展，作为宫廷佳肴的竹狸类食品日益受到消费者的青睐。在国内竹狸已步入我国南方及西部地区的大、中城市和城镇的消费市场，需求量每年以 15％的速度递增。在沿海大、中城市，商品竹狸销售一直看好，价格始终呈现坚挺的态势。眼下竹狸在杭州、宁波、重庆、上海等城市很抢手，这些省市竹狸养殖量较少，其销售价格要比南方地区的高。2011 年国庆节仅浙江一个养殖场销售到宁波、杭州的竹狸就有 2000 千克。在重庆卖 500 元 1 只都很好销。竹狸售价高档酒店达到每千克 516 元，中档酒店约在 360～400 元之间；送货上门的价格是，物流配送每千克 160 元，内地城镇每千克 100～150 元，沿海大城市每千克 120～180 元。鲜活竹狸上市很快被一抢而空。据不完全统计，四川、云南、贵州、湖南、江西、广西、广东、海南、香港、福建、上海等地每年要消费竹狸 2000 多万只，而目前只能供给 850 多万只，远远不能满足市场急剧增长的需要。目前，全国种竹狸量 80％，商品竹狸的 60％产在广西。其他省区大多数还停留在野生驯养阶段，养殖规模小，发展慢，需求的商品竹狸和种狸全靠来广西贩运。

三、高产技术与产业化生产条件成熟

经过多年探索，广西竹狸生产技术已有很大提高。现在柳城县返乡青年竹狸大王何韦华的家就是一个产业化大生产的竹狸示范场，家里4个人饲养种竹狸4000只。2009年12月30日，柳州市首个返乡农民工创业品牌基地——柳城县马山乡大森林特色养殖专业合作社挂牌成立。该社以"合作社＋农户"的模式运作，与养殖户签订协议，将种狸发放给农户饲养，与养殖户结成利益共同体，实行统一供种、统一技术、统一销售、统一价格、统一品牌，形成产、供、销一条龙销售经营模式。柳城县返乡青年何韦华创办的竹狸养殖基地成立不到1个月，就带动全县1800多户发展竹狸养殖。全县仅2010年出售商品竹狸就达48万只，年产值8256万元，年利润约为7056万元，户均3.92万元。2010年2月24日，柳城县"春风行动"启动仪式暨柳城县首届创业项目推介会上，更是把竹狸创业推向空前的高潮。当年该县竹狸养殖猛增到5200多户，饲养种竹狸12.5万对。如今柳城的经验已推动全广西竹狸产业化进程，一批1000对以上的大型竹狸示范基地正在八桂大地迅速兴起，而在甘蔗地中间，在高山密林深处，在天然岩洞里，在废弃防空洞里发展竹狸规模养殖，更是广西竹狸产业化中的又一新亮点。

第二章
产业优势、存在问题及解决方案

 ## 第一节　发展竹狸六大产业优势

与其他养殖业比较，人工饲养竹狸具有六大优势。

一、是绿色、环保、低碳、高效、风险小的新兴养殖业

竹狸以竹、甘蔗茎、甘蔗尾和农作物秸秆为主食，被称为农作物的"清道夫"。竹狸不仅适合在甘蔗产地、水库边沿盛产芒草的地域养殖，而且更适合在盛产竹木、玉米秆的干旱缺水山区发展。在贫困山区农户饲养竹狸的条件明显优于养猪、牛、羊、鸡、鸭、兔。人工饲养竹狸，占地少，设备简单，投入低，回报高，周期短，市场前景广阔，是一条新兴的、风险较小的快速致富门路。

二、不与人争粮，也不与牛、羊争料

竹狸吃粮极少，精料用量仅为肉鸡的 1/4、鸭的 1/5、肉狗的 1/15、肉猪的 1/20，即使完全不用稻谷、玉米等粮食也能饲养。牛、羊吃植物的嫩枝叶，而竹狸吃植物的老根茎。

三、竹狸营造洞穴生活，生长繁殖不需阳光

竹狸既能在边远农村的山坡、岩洞营造窝穴饲养，也可在城

镇室内、地下室建造窝池实行工厂化、立体化养殖。

四、饲养容易

每天仅投料 1 次，甚至可以 3～5 天投料 1 次，夏季 1 天清扫 1 次，冬季 3～5 天才清扫 1 次。饲养 1 对竹狸的工作量只是饲养 1 头猪的 1/30，1 个劳动力可饲养繁殖种鼠 300～500 对，少量饲养不用专人看管。

五、无野生动物的腥膻味

竹狸尿少粪干，没有一般野生动物的腥膻味，比养殖其他畜禽干净卫生，城镇也可以发展。

六、抗病力强、繁殖快、效益高

饲养 1 对种竹鼠年纯利达 1000 元，超过目前农村饲养 4 头肉猪的纯收入。

 ## 第二节　发展竹狸存在八大问题

竹狸产业化大生产条件已经成熟，为什么有巨大优势的项目还发展不起来呢？由于传统观念的束缚和其他养殖经验的影响，我国竹狸养殖存在八大问题，阻碍着竹狸产业发展。

一、不重视饲料基地建设

认为竹狸以竹、甘蔗茎、甘蔗尾和农作物秸秆为主食，饲料来源广泛，容易解决。1 只成年竹狸 1 天仅消耗精料 40 克，粗料 200 克。而 100 对成年竹狸 1 天消耗精料 8 千克，粗料 40 千克。200 对成年竹狸 1 天消耗精料 16 千克，粗料 80 千克。300 对成年竹狸 1 天消耗精料 24 千克，粗料 120 千克。自繁自养仔狸和商品狸用料是成年竹狸 2～2.5 倍。按这样计算，农户自产的农副产品，要一年四季均衡供应，至多能养好 100 对。盲目扩张到 300 对以上的，由于青粗饲料供不上而被迫下马。

二、未学好技术就盲目扩张

许多竹狸养殖场没有经过专业培训的技术员，未学好技术就凭经验盲目扩张，引种后饲养管理跟不上，结果扩张越快，单产越低，造成直接经济损失惨重。

三、良种示范基地有名无实

绝大多数竹狸良种示范基地，没有选种育种措施，自己留种的也没有起码的体重要求。配种产仔无记录。饲养管理不到位，这样的良种示范基地能示范什么？产出的良种又有多少科技含量？

四、饲养员素质低，新技术无法转化成生产力

管理人员、饲养员未经培训就上岗，对竹狸高产技术和饲养管理一无所知，科学技术无法转化成生产力。现在只要学习掌握一般的技术，平均每只母狸年产仔可达到 10～12 只，而大多数养殖场只达到 6～8 只。不加大科技投入，再不提高员工的技术素质，生产力就无法提高。

五、没有统一的饲养标准

竹狸养殖发展很快，各地养殖都没有统一的饲养标准。农村家庭少量饲养，青粗饲料加米饭拌糠，营养不良，生长缓慢；养殖规模扩大后，粗料供应不上了，就用精料代替粗料。虽然完全不用青粗饲料也能够养成竹狸，但竹狸肉质慢慢变性，失去野味特色。完全用精料饲养竹狸后果是严重的。本书已经制定出竹狸饲养暂行标准，希望能尽快推广，以保护竹狸的产业优势。

六、缺乏严格有效的防疫措施

不重视做好隔离消毒工作，是养殖场竹狸发生传染病死亡的主要原因。许多上规模的养殖场兽医防疫一片空白。由于最简单最有效的隔离消毒工作没有做或者没有做好导致竹狸死亡的不在少数。这极大地挫伤了养殖户的积极性。

七、产品深加工严重滞后

2013年末全国产商品竹狸达到5000万只。但是，全国还没有一家竹狸产品深加工厂，全国还没有一家像样的竹狸食品专卖店，产品深加工严重滞后。依靠活竹狸销售，市场极易饱和。这样，价格就会大起大落。不突破竹狸产品深加工厂的瓶颈，养殖户的利益得不到保障，竹狸产业化大生产就无法进行。

八、缺乏合格的技术推广平台

许多竹狸公司推销不是自己繁殖的种苗，养殖基地变成暂时仓库，办的培训班变成参观现场会。没有上好技术课，也没有强化跟班学习，养殖户没有学到技术就购买种苗回去饲养，结果是死亡多，成活少。更严重的是受害的引种户为了要回引种的损失，也按照这些公司的做法推销种苗。按这种方式推广，扰乱了市场，害苦了群众，严重影响竹狸产业健康发展。

 第三节 发展竹狸存在五个薄弱环节

通过对上述八大问题的反思，总结出当前发展竹狸工作存在以下五个薄弱环节。

一是有先进技术，缺乏相应的技术推广平台。

二是选育出早熟高产良种，没有相应的繁育基地。

三是有小规模的高产典型，缺乏大生产的领军人物。

四是制定出《竹狸高产创新模式实用技术一览表》（即标准化），缺乏实施标准化试点的经费和政策支持。

五是有高产能手与创业精英，但只是经验层面上的，还没有上升到科学层面上。他们受到小农经济思想的束缚，缺乏现代化大生产的组织能力与干大事的魄力。

 ## 第四节　存在问题的解决方案

针对我国竹狸发展存在八大问题和发展竹狸工作存在五个薄弱环节，本书作者组织专家与养殖大户进行了多次讨论，最后大家达成共识：把基地建设和队伍建设作为解决问题、提升产业的两大突破口。下面介绍由广西良种竹鼠培育推广中心编写的《广西×市竹狸生态还原创业示范基地建设》，可以较好解决上述两大难题。供从事竹狸创业致富人员参考。

广西×市竹狸生态还原创业示范基地建设

竹狸肉在宴席上可与果子狸媲美，被列为山珍上品，是国内外正在掀起的新潮小康滋补食品。竹狸以竹、甘蔗尾和农作物秸秆为主食，被称为农作物的"清道夫"，是绿色、环保、低碳、高效、风险小的新兴养殖业，也是一项占地少、少用粮、低投入、高产出，快速致富的新门路。

2010 年在广西选育出早熟高产良种竹狸后，产业化大生产条件已经成熟。竹狸养殖规模迅速扩大，许多养殖大户没有建立饲料基地，就改用精料为主来喂养，这样虽然竹狸长得很快，产量是上去了。但是，以精料为主养出的竹狸，不仅成本加大，而且肉质变性，渐渐失去山珍野味特色。为此，我们良种竹鼠培育推广中心设计这个既要提高产量，又要保证质量的竹狸生态还原创业示范基地项目。

一、目标

※竹狸生态还原创业示范基地由竹狸生态还原示范总场和若

干个商品竹狸养殖示范小区组成。

※示范总场在连片 100 亩甜竹林中建 3 栋竹狸舍，每栋竹狸舍饲养种狸 1000 对，共饲养 3000 对（1公2母为1组共 2000 组）核心群种狸。作为竹狸生态还原科研、育种、培训、实习的场地；是培养人才的摇篮，也是标准化、产业化大产生的样板。

※商品竹狸养殖示范小区建设规模与示范总场相同，不同的是饲养父母代种狸 1000 对（1公3母为1组共 500 组），商品代种狸 2000 对（1公4母为1组共 800 组）。

※示范总场起步只需引种 300 对。通过自繁自养和引种选配，用两年时间扩大到 3000 对（1公2母为1组共 2000 组）。年产核心群种苗 2 万对。核心群种苗比普通商品种苗价格要高 1 倍，每对 450 元，年产值达到 900 万元。扣除 150 万元生产成本，纯收入 750 万元。

※按示范总场1带3的做法，同步建设 3 个养殖示范小区，每个小区起步也是引种 300 对，共引种 900 对＋总场引种 300 对，共有 1200 对来自不同地方的种苗，在总场交叉编组进行核心群种狸繁育。完成示范总场1公2母为1组共 2000 组核心群种狸选育后，养殖示范小区主要任务是扩大父母代种狸与商品代种狸繁殖。为下一步发展（3个带9个）养殖示范小区提供优质种苗。

※每个种狸养殖示范小区饲养种狸 3000 对（或1公3母为1组共 1500 组），由 3～10 户饲养（如果是 3 户每户 500 组，5 户每户 300 组，10 户每户 150 组）。正常投产以后，每户 500 组、300组、150 组，50 组每年纯收入如下：

1. 饲养 500 组当年盈利 128.149 万元

引种 300 对通过自繁自养和参与总场交叉编组，获得1公3母为1组共 500 组（500 公 1500 母）。

（1）收入：每年繁殖仔狸 15000 只，按种狸、商品狸各半计算出售。幼种狸每对 230 元×3750＝86.25 万元；生态还原商品狸 7500 只，每只平均重 1500 克，每 500 克 40 元算，每只卖 120 元×7500＝90 万元。合计收入 176.25 万元。

（2）支出：①饲料：幼种狸每对 10 元×3750＝3.75 万元；商

品狸每只 30 元×7500 只＝22.5 万元，合计 26.25 万元。②人工：2 人，年薪共 4.8 万元。③水电每月 200 元，全年 0.24 万元。④防疫消毒 0.25 万元。⑤房租全年 0.6 万元。⑥不可预测支出（1～6 之和×15％＝4..821 万元。合计支出 36.961 万元。

（3）收入减支出＝139.289 万元。扣除 5％合作社经营管理费、3％科技创新驱动费共支出 11.14 万元。当年盈利 128.149 万元。

2. 按饲养 500 组收支算法

① 饲养 300 组当年盈利 76.89 万元。

② 饲养 150 组当年盈利 38.44 万元。

③ 饲养 50 组当年盈利 12.8 万元。

二、8 条措施确保目标实现

（一）抓好示范总场和 3 个养殖示范小区建设

1. 科学生态建场

示范基地总场和商品示范养殖小区竹狸舍的规格标准是一样的。按现阶段生产水平和管理能力，每个竹狸养殖小区在连片 100 亩甜竹林中建 3 栋竹狸舍，饲养 3000 对种狸。这样，饲料集中与粪肥分散容易解决。在竹林下养竹狸生态还原容易实现。

① 竹狸舍长 40 米×宽 7.5 米×高（屋檐滴水）3 米。每栋总面积 300 米^2（地势不平坦的可建 2 层，每层 150 米^2）。

② 舍内设置 4 列 3 层窝室，自下而上窝室名称与结构：

下层：预备种狸和商品狸窝室。深 1.1 米×宽 0.7 米×高 0.5 米。

中层：断奶幼狸窝室。深 0.78 米×宽 0.7 米×高 0.42 米。

上层：繁殖种狸窝室。深 0.46 米×宽 0.35×2 米×高 0.38 米。

下层底板离地 30 厘米，底板下安放接粪槽，各层底板均有漏缝，竹狸排粪能自动落到接粪槽里。

③ 以上层繁殖种狸窝室宽 0.35 米来计算狸舍的长度。每列 100 个种狸窝室能养 200 只母狸，4 列上层可养 800 只母狸。将靠近墙边 2 列的中层建成繁殖种狸窝室，可养 400 只母狸。按带仔哺

乳母狸单窝饲养，不带仔母狸并窝饲养，用上层和中层全部窝室就够养1000对种狸。两个人饲养，每人饲养管理1000只种狸。

④ 竹狸舍外环境要求：两栋狸舍间距宽6米，作为生态还原运动场。运动场中间2米用水泥砖圈围成一个大苗埔，水泥砖圈围高1米，外用水泥抹光滑，大苗埔内填土50厘米栽上一行甜竹。水泥砖圈围外墙跟围一圈水泥空心砖，造成人工洞穴，供竹狸窜洞玩耍、休息或躲避天敌。

2. 充分发挥示范总场和3个养殖示范小区的功能、作用

① 总场和养殖小区合作，避免近亲，多渠道引种，迅速完成由配对到配组的高产种群过渡。为新增的养殖小区供优质种苗打好基础。

② 总场成立林下循环经济研究所、竹狸专业技术培训学校、竹狸核心种群示范场。这样可以筑巢引凤，吸引更多专家学者、投资大户来基地工作和创业。为养殖小区扩大创造良好投资环境。

③ 广西良种竹狸培育推广中心与学校合并，实行一套人马两块牌子。暂时解决培训师资问题。能在短期内为养殖小区扩大输送合格的饲养和管理人员。

④ 养殖示范小区建成与高效养殖本身就是活样板。

（二）精心设计技术操作路线图

发展目标确定以后，科学严谨制作技术操作路线图非常重要。漏抓一环或错走一步，都会造成全盘皆输。

1. 进入养殖小区科学程序

加盟创业示范基地，进入养殖小区科学程序→报名→填写基本情况表→确定养殖规模→专家或学校老师面试合格→按计划养殖数1/3确定首批购种数量（养殖成功后再购买计划数的2/3）→与总场签订供种合同→按购种金额20％交纳预购金＋300元培训教材费→进行编班上岗培训→高产能手与创业精英目标强化培训正式开始→采用全国统一培训教材，上课7天→到养殖小区实习1个月→交出实习作业→通过考核合格→颁发全国培训证书→凭培训证书取得9折优惠购种→交完购种费→将竹狸种苗运到新的示范小区饲养（创业）→学员引种回去后不是专业学习的结束，而是竹狸高产、创业理论与实践相结合，深入全面学习的开始→总场和学校为学员继续学习创造良好的条件→按《竹鼠高产创新模式实用技术一览表》（简称《高产一览表》）内容要求，将学员技术档案存进电脑，实行远程联网动态管理→定期组织学员交流经验、返校补课或深造→帮助学员尽快把知识转化为能力→让学员学会吸收用好新技术、新经验→不断降低成本和提高饲养管理水平→直至每个养殖示范小区都实现学校设计的高产指标→其中有10%学员成为高产能手或创业精英。

2. 高产竹狸核心种群培育

从普通的竹狸种群中培育核心群→先要二次选育高产种群→淘汰低产的竹狸15%→用高产的竹狸15%繁殖后代取代低产的种狸并扩群→然后在高产种群中再优中选优→参照《高产一览表》选种6条标准→从高到低按种群量的6%选出→预备核心种群→进行优生优育→1公2母选配→增加20%营养→对繁殖的后代进行定向培育→仔狸断奶体重达标培育→幼狸生长速度培育→母狸多胎培育（母狸每年产仔4胎)→每胎多仔培育（每胎产仔4只以上)，以上两项选育结果，1只母狸每年可产16个仔，简称"4416良种选育法"→核心种群抗病、抗衰老培育→高产竹狸核心种群基本育成→下面还要建立转群、退出、更新制度→发病个体医好后要退出核心种群→父母4代、5代有亲缘关系的转入商品种群→核心种群利用3年后要更新→出现返祖、杂毛的后代立即淘汰。

（三）大力普及"4416良种选育法"

这一选种育种方法不仅用于培育核心种群，也适用于商品竹狸大生产。加盟创业示范基地，进入养殖小区的每个员工必须牢牢掌握这一高效增产措施。这样才能确保每只母狸年产成活10个以上商品竹狸的指标。

（四）按生产计划落实青粗饲料种植

每个养殖小区按甜竹100亩，甘蔗10亩，甜玉米5亩，皇竹草5亩，（没有甘蔗的地方甜玉米、皇竹草各增加到10亩）。与周边林场、农户签订种植承包合同，保证全年不间断的充足的青粗饲料供应。

（五）保持以甜竹为主食的竹林下生态还原养殖模式

商品竹狸从出生到 4 个半月体重平均达到 1500 克，开始生态还原养殖。公母分开放入大运动场饲养，全部喂竹枝、甘蔗、玉米杆等＋少量维生素和矿物微量元素，完全不喂精料。在接近野生状态下饲养 30～45 天可出售。价钱要比普通家养的高 50％以上。

（六）养殖小区严格防疫与安全生产

养殖小区管理实行封闭供种，完全隔离，彻底消毒，切断传染病来源。①封闭供种。养殖小区的竹狸种苗原则上由总场自繁自养供给。养殖户自带种苗来的，要放在总场隔离饲养 1 个月，并将原来低产的配对变成高产的配组再移进养殖小区饲养。②外来人员参观、学习、采购，一般不让进入小区。小区待出售的商品竹狸，由养殖专业合作社集中到总场交易。③进入养殖小区的人员、车辆、用具均要彻底消毒。

（七）养殖小区按“一自主，四统一”规则管理

总场对进入小区养殖户，按“一自主，四统一”规则管理。即生产自主，统一优良品种，统一技术标准，统一饲料、药品采购配送，统一产品回收加工。在总场以外发展有 5 个养殖小区以上，要在总场指导下，由养殖大户牵头成立竹狸专业养殖合作社。合作社配有专业技术员，总场通过合作社技术员按“四统一”要求，对养殖户自主生产实行严格管理，确保产品达到质量标准。

（八）公司与合作社联盟，实现小生产进入大市场

竹狸养殖发展很快，当地市场容量有限，极易饱和。而竹狸是国家野生保护动物，往外地销售必须办“两证”（即野生动物养殖许可证，野生动物经营许可证）。养殖小区合作社是生产单位，规模小，产品少，不具备独立营销能力。示范基地总场办有“两证”，既是竹狸良种培育中心，又是竹狸经营主体。养殖小区初具规模，就要把工作重心转向产品经营，将养殖小区合作社的小宗产品汇集成大的农业订单，实现小生产进入大市场，解除养殖户

后顾之忧；同时，还要在当地发展竹狸产品深加工，经营竹狸滋补养生馆、美食店，让吃竹香狸成为人们的时尚追求。这样，才能把产业做大做强。

三、竹狸生态还原创业示范基地验收 4 条标准

（一）实现种养生态良性循环

在竹林下饲养竹狸，不仅使竹得到生态还原，而且大量竹狸粪肥就近返还林地，加快了竹林更新，实现种养生态良性循环，竹狸多，粪肥多，竹材亩产将会迅速提高。基地建成后，规模养殖竹狸生产成本下降 50%，产量提高 1 倍；不用扩大现有甜竹面积，竹笋、竹材产量增加 1 倍以上。生态还原基地建设成为林下新经济一大亮点。

（二）带领农民增收致富成效显著

基地技术成熟，辐射能力强，建成一个养殖小区，可带动 50~100 户周边农民饲养竹狸致富。一户农民饲养好 1 公 3 母为 1 组共 50 组，年收入就超过 10 万元。外出打工不如在家门口创业，竹狸示范基地让农民工看到了希望。

（三）充分利用农林"垃圾"，变废为宝，是生态环保产业

1 亩甜竹的枝叶和竹笋加工废弃物饲养竹狸的产值等于出售 1 亩甜竹笋的产值，1 亩甜玉米的杆、苞和玉米渣饲养竹狸的产值等于出售半亩甜玉米的产值。适当调整农林产业结构，将竹狸养殖编入其产业链中，不需扩大种植面积，农林业产值就可以成倍增长。

（四）基地建设带来生态环境明显好转，经济效益、社会效益、生态效益同步提高

总场投产满 3 年，拥有 30 个养殖小区，12 万只种狸，其中母狸 9 万只，年产商品竹狸 100 万只。引领 3000 农户从事林下循环经济开发，户均收入 15 万元。养殖小区所在地生态环境明显好转，实现了经济效益、社会效益、生态效益同步提高。

第三章 饲养场地的选择与窝室的设计

第一节　场地选择要求

一、生态养殖场地基本要求

1. 竹狸场选址要求

远离村庄 1000 米以上，远离江河、沟渠、池塘、沼泽地 100 米以上。必须在池塘边建竹狸场的要有生物灭蚊措施。

2. 场绿化有利保健

竹狸场绿化有利于夏天降温，冬天挡风，平时有利保健、防蚊、灭鼠。

3. 生产区无低矮作物及花草

禁止在竹狸舍中间和周边空地种瓜菜等低矮作物及花草。否则不利于防蚊、灭鼠。

4. 竹狸舍建设尽量接近自然生态

通风透气良好，清洁干爽，冬暖夏凉。大养殖池内要排放空心水泥砖，连成人工洞穴，供竹狸进洞休息。

5. 污水无害化处理

建设沼气池处理污水，生产沼肥和生物能源。

6. 竹狸舍地面要求

竹狸舍地面及周边不建暗沟，明沟排水，不留污水，以利防疫。地面硬化铺水泥 1 厘米厚，防止老鼠打洞。

二、竹狸生长发育基本要求

野生竹狸在远离人烟、僻静的山坡竹林营地下洞穴生活。根据这一特点，饲养竹狸场地总的要求是：

① 安静、阴凉、干燥，夏天易于降温避暑，冬天能够避风保暖。

② 城镇饲养场地以远离主要交通干线 50 米以外、僻静的地方为宜。

③ 城镇郊区建场有利于采集饲料和清除粪便；

④ 农村饲养场地也要建在远离公路的僻静处，以在山坡、果园、水库边或岩洞里最为理想。

⑤ 若在村屯利用猪舍、牛舍等旧房改建，要求阴暗、干燥、僻静和冬暖夏凉，还要有防止狗、猫侵袭的设施。

三、规模竹狸场地生产管理要求

（一）有充足的青粗饲料资源

青粗饲料占竹狸日总量的 80%～55%，青粗饲料的来源如何，是建场最关键的条件。如果饲料不能解决，即使其他条件再好，也将一事无成。所以，选择竹狸养殖场最好是靠近竹林、甘蔗、甜玉米或皇竹草丰富的地方。

（二）选择适合的地形地势

选地势较高，排水良好，地面干燥，背风向阳地方。缓坡地、丘陵地较为理想，地面坡度以 3～5 度为宜，最大坡度不超过 20 度。要高出当地历史最高洪水水位以上，地下水位就在 2 米以下。

低洼、沼泽地带，地面泥泞，湿度过大，排水不利的地方，洪水常年泛滥成灾之地，云雾弥漫的地区及风沙侵袭严重的地区都不宜建场。

（三）保证必要的防疫条件

养殖场应当设在非畜牧疫区，与其他畜禽饲养场有 100 米以上距离，避免同源疫病相互感染。距离居民点 500 米以上，且位于居民点的下风处。地势应低于居民区。距离铁路、公路主干线 300 米以上，距离 沼泽地 1000 米以上。

（四）电力供应有充分保障

夏天降温，冬天防寒都不可缺少电源。所以竹狸养殖场的电力供应要有充分保障。

（五）有便利的交通条件

最好能有简便公路直通养殖场，以保证饲料、生活必需品及竹狸 产品的运输。

 ## 第二节　建造窝室的基本要求

一、建造竹狸窝室要注意五点

竹狸窝室尚无固定的建造模式，但从满足竹狸生活习性、有利于竹狸生长繁殖、便于打扫卫生、安全和廉价等因素考虑，建造竹狸窝室要注意五点：

① 阴暗避光或有洞穴可以躲藏。要求狸池池底光线较暗，平时上面加盖板，大池内要安放若干空心水泥砖，造成人工洞穴，以便竹狸进洞躲藏，池面仍需部分遮挡。

② 便于投料和打扫卫生。饲养繁殖母狸，一定要有固定的投料间，不可把饲料投到它的住室里。

③ 要求冬暖夏凉。在阳台或楼顶建造窝室，要有辅助降温和防止风雨侵袭的设施。

④ 防止竹狸爬墙或打洞逃跑。窝室内壁和池底要用水泥砂浆抹平加固，池高要达 70 厘米；用水泥板块制成笼舍饲养的，笼盖要用铁线拴紧、扣牢，以防竹狸拱开水泥盖逃跑。

⑤ 应建造不同用途的饲养池。在设施完善的竹狸养殖场里，至少要建包括繁殖池或笼（小间）、配对配组池（中间）、群养池

（大间或三池一组的中池，池与池之间应有洞穴连通）三种类型的饲养池。这样才便于科学分群管理，使竹狸获得足够的活动空间，以利于生长繁殖。

二、窝室的种类与营造方法

我国人工养殖竹狸时间不长，但各地建造的窝室却多种多样，初步统计已有五大类共十一种，现分别介绍如下。

（一）水泥池

水泥池高度为70厘米，用砖或石头砌成，内壁四周用水泥砂浆涂抹光滑。按用途可分为大池、小池、连通组合池、隔离繁殖池和漏缝除粪池共五种。

1. 大水泥池

每池面积2米² 以上，池内放置若干水泥空心砖。大水泥池适合断奶1个月以后的幼狸群养，也作为青年狸合群、配对使用。优点是造价低，容量大缺点是占地宽，不利于繁殖。

2. 小水泥池

每池规格为70厘米×80厘米，可饲养成年鼠1公2母或刚断奶的8～10只仔狸。优点是易于观察配种和采食情况；缺点是母狸怀孕后期须移入产仔室。

3. 组合连通池

由3个小池下面打洞连通而成，洞的直径为12厘米，或12厘米×15厘米的长方形洞。该池饲养后备种鼠和1公多母群养的成年种狸，优点是适应竹狸喜群居和串洞玩耍的习性，竹狸运动量大，有利于增强体质，同时饲养量可扩大2～3倍；缺点是采食、配种情况不易观察，母狸怀孕后期须移入产仔室，打扫卫生也不方便。

4. 繁殖隔离池

由两个小池组成，一边是窝室，另一边是运动场和投料间。窝室规格为25厘米×35厘米，底部比投料间高2厘米，池面加

竹狸高效养殖与加工利用一学就会

盖；投料间和运动场大小为 40 厘米×70 厘米。两池底部有直径 12 厘米的连通洞，底面由里向外倾斜，外墙底部有一个 0.5 厘米直径的排水孔。怀孕后期的母狸或需要隔离观察的公狸可放入繁殖隔离池单独饲养。平时将食物投放到投料间，竹狸会把食物衔进洞内。窝室的大小以仅能容纳 1 只母狸在内产仔为宜，如过大，里面会存积食物残渣或粪便，加上竹狸习惯只将身边的粪便和食物残渣推出洞外，而远离睡处的粪便和食物残渣就不管，故窝室过大反而不利于打扫卫生。这种窝室的优点是营造容易，管理方便；缺点是占地较宽，饲养量小。

5. 漏缝除粪池

其结构、用途与小池相同，只是地板架离地面，装有漏缝地板。优点是自动漏粪；缺点是造价高，夏天地板下蚊虫多，冬天垫草易从地板漏掉，不便于管理。现在，多数竹狸场已经改进漏缝除粪池了。下面已经改成水泥薄板，在靠近人行道一边开一个 12 厘米网状的小圆洞，下面放个接粪桶，清洁时将粪扫到小圆洞，让粪自动掉进桶里面。

（二）水泥薄板组装笼

水泥薄板组装笼由广西南宁地区竹狸养殖培训中心设计，全部采用 2.5 厘米厚的水泥薄板组装而成。以下是其规格及安装方法。

1. 底板

宽 40 厘米、长 50 厘米，每块底板有 2～3 个直径为 0.2 厘米的小洞以利通气排水。

2. 前后板

高 28 厘米，长 50 厘米。

3. 上盖板

宽 40 厘米，长 50 厘米，中间开有 15 厘米×20 厘米的洞门，洞门上有相应大小的水泥盖，水泥盖与盖板之间固定有插销，加盖后插上铁线便固定扣紧。

4. 隔板

有两侧隔板和中间隔板，两侧隔板宽 35 厘米、高 28 厘米，中间隔板大小与两侧隔板相同，只是右下角开有一个直径为 13 厘米的圆洞，以便竹狸从窝室走出运动场。

5. 窝室

内空间长、宽、高分别为 35 厘米、35 厘米、28 厘米。

6. 运动间

内空间长、宽、高分别为 70 厘米、35 厘米、28 厘米，运动间前面和底面布以铁栅栏，铁栅条采用直径 0.4～0.6 厘米的钢筋，间隔 1.5 厘米。

7. 在水泥板的对应部位

设有直径 0.3 厘米、深 1.5 厘米的洞，在组装时插铁钉或竹钉加以固定。这样按顺序组装起来可构成两室一厅一个单元，饲养 1 公 2 母为一组的成年竹狸或 8～10 只幼狸。

水泥薄板组装笼的优点是可以画成图样，由水泥制品厂按图样批量生产，运到养殖场组装，组装时可以分层叠放，实行立体化养殖，充分利用空间，母狸繁殖成活率高；缺点是下层不易清洁和观察，母狸产仔时要将公鼠和另一只母狸移开，狸笼制作较困难。

（三）小水泥池套产仔笼

在小水泥池上套放一个隔离繁殖池，将这两种类型的水泥池、笼组合起来，取长补短。将水泥薄板制作的产仔笼套装在小水泥池高度 1/2 的位置架离地面，笼底采用漏缝粪板。优点是配种、繁殖、护理都很方便；缺点是制作工艺复杂，造价高。

（四）地下窝室

1. 室内地下窝室

在室内挖一个直径 60 厘米、深 60 厘米的圆洞或长、宽、深分别为 60 厘米、50 厘米、60 厘米的方形池，周围砌砖抹水泥砂浆，高出地面 10 厘米，然后在离底部 3～5 厘米高的池壁上相对的两点各挖一个长、宽、深分别为 25 厘米、25 厘米、30 厘米的洞穴，洞穴内用水泥砂浆抹光滑，或安上一个直径为 25 厘米的圆形瓦罐，内放垫草供竹狸做窝。池面上有盖板，盖板中央开设一个直径为 12 厘米的投料孔。这种池子优点是造价低，冬暖夏凉，可充分利用地下空间，适合城镇推广；缺点是通风透气差，要经常更换潮湿的垫草，投料要严格控制水分，以保持室内干爽（参见图3-3、图 3-4）。

2. 室外地下窝室

在野外，选择土质坚实的坡地，开挖出 60～70 厘米宽的平台，然后往下挖直径为 40 厘米的圆洞（也可以是边长为 40 厘米的正方形洞），洞深 40～50 厘米，底部靠外装有圆形炉栅，作排粪、通风之用。将炉栅下方 3～5 厘米处的土刨掉，里外抹上 2 厘米厚的水泥砂浆。挖洞成排营造窝室，两室间距 25～30 厘米，每 2～3 个室为一组，有横洞相通。窝室上面盖 5 厘米厚的水泥板，水泥盖板中设一个 12 厘米×15 厘米的门，配有相应大小的门盖和固定门盖的铁线插销，板上铺盖塑料薄膜防雨。野外窝室的优点是制作简单，可在林区、果园建造，使竹狸有回归自然的感觉；缺点是不安全，缺乏防逃、防盗设施。

野外洞穴式竹狸窝室要求防雨、防逃和能够串窝运动，做到安全、方便投料、易于观察与科学管理。建造技术应掌握以下几点：一是窝室内壁须坚固。如建造地段土质疏松，应用砖砌后抹水泥砂浆。二是上面水泥盖板要沉重，保证竹狸推拱不动，投料门盖要设插销固定。三是两窝之间的连通洞内壁也要坚固，最好能埋入短的小瓦管。四是搭配建立单个繁殖隔离池，野外窝室与繁殖隔离池的数量比例为 3：1，母狸怀孕后期应移至繁殖隔离池饲养。五是窝室外围须开设排水沟。六是大批量饲养，应在室内建 3～5 个大、中水泥池，供幼狸合群饲养。七是如在光秃山坡建造窝室，应在距离窝室 2 米远处种植竹、木以利遮荫。

（五）岩洞内建池饲养

岩洞内建池（见图 3-5）饲养即在耕作区旁边岩洞内建造成排的

小水泥池，群养或配对配组单池饲养。平时关好洞门，每天开门进洞投料1次。岩洞内建池饲养的优点是接近竹狸野生环境，造价低，繁殖成活率高，适合在山区推广；缺点是不安全，看守麻烦。

第三节　大群饲养竹狸池的科学布局

大群饲养选建什么样的狸池，要因地制宜（参见图3-4、图3-6）。笼养可充分利用空间，实行立体化饲养，节约场地，饲养量大，产仔成活率高。但从科学管理来看，笼养竹狸，无论采食、配种或防治疾病都不便于观察，夏天散热降温差，驱虫困难。

如果在室内饲养，只要场地许可，最好用小水泥池圈养。这样能克服笼养的不足，饲养管理方便。少量饲养有2～3个小池即可。母狸繁殖产仔时，可将公狸移到隔离池饲养。

一、大、中、小池的数量比例

大群饲养，要按比例建造繁殖隔离池（小）、配对池（中）、后备种狸、肉狸饲养池（大），大、中、小池数量的比例是1：2：4，即每4个繁殖隔离池要配2个中池和1个大池（见图3-1）。

二、大、中、小池的科学布局

饲养规模较大（即饲养种狸300对以上）的，建池安排要考虑节约材料、合理布局、提高饲养量和便于科学饲养管理。狸池设计要因地制宜，要求排列组合紧凑。实践表明，采用墙边单列小池和中池以及中央小池与大池相结合，把各种不同用途的水泥池组合在一起，既能提高饲容量，又利于科学分群和科学饲养管理，是目前较为理想的一种大群饲养竹狸池（见图3-2）。

介绍了竹狸养殖有那么多窝室（池），通过比较，哪些是最简单最常用的？笔者经过全面的考察后，于1998年设计的第六代改良的大、中、小水泥池是最简单最常用的，如图3-1所示。

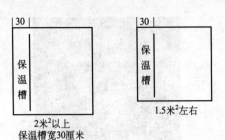

双连组合小池
内池(30厘米×25厘米)窝室
外池(50厘米×70厘米)采食间、运动场

图 3-1　大、中、小池平面示意图

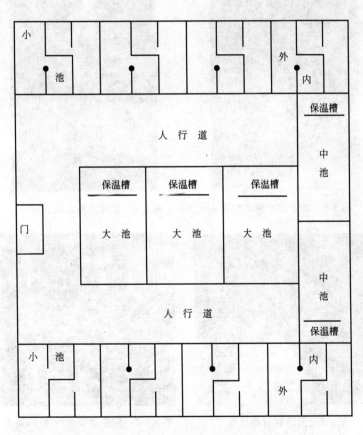

图 3-2　大群饲养舍内鼠池平面示意图

图 3-3 城市防空洞养竹狸

图 3-4 竹狸繁殖笼池三层设计

图 3-5 天然岩洞养竹狸

图 3-6 一间平房饲养竹狸 1000 对

第四章 人工生态养竹狸优质高产的方法

 ## 第一节 生态养竹狸的特点与技术路线

一、生态养竹狸的五大特点

1. 青粗饲料占饲料总量的 75%~85%

青粗饲料为主，维持原生态，保证人工饲养的竹狸肉品质不变，药用价值不降低。

2. 生态养竹狸要改变给水方式

从小训练竹狸喝奶、喝水，是人工生态养竹狸的重要环节。喂养实行料、水分开，既保证幼狸前期的生长速度，更有利于竹狸产业化大生产的饲养管理。

3. 青年留种竹狸放入大池饲养

池内有足够大的运动空间，让留种竹狸充分运动，性腺才能良好发育，避免种狸繁殖能力退化。

4. 商品竹狸上市前全部喂青粗饲料

商品竹狸长到 1.5 千克停止喂精料，全部喂青粗饲料 1~1.5 月，使它完全恢复到野生状态。

5. 商品竹狸安全上市

确保上市商品竹狸肉质无有害添加剂和抗生素污染，采用生物防治。防治竹狸疾病大群投药以中草药和益生素为主，个别重症治疗才用抗生素。

二、人工生态养竹狸的技术路线

人工生态养竹狸的技术路线如图 4-1 所示。

图 4-1　人工生态养竹狸技术路线简图

当前，许多地方驯养野生经济动物成功后，人们惊奇地发现，家养的野生经济动物肉质发生了根本变化，肉味没有野生的那么鲜美了（人工养鳖表现尤为突出）；一些药用动物家养后药用功能降低了（如家养的蛤蚧、毒蛇），这是其生态环境和食物结构被人为改变后的结果。

本书作者陈梦林等从事野生经济动物研究、驯养 20 余年，归纳出 12 个字，即"模拟生态，优于生态，还原生态"。

"模拟生态"就是仿照野生经济动物原来的生活环境，尽量在窝室建筑和饲养管理上创造接近它原来的生活条件，这样驯养就容易获得成功，但是不能获得高产。因为现在大气污染、自然环境恶化，野生动物能采食到的天然食物已没有原来那么多、那么丰富，很难发挥其潜在的生长优势，所以生长缓慢，繁殖低下。必须在模拟生态的基础上，运用科学的方法进一步优化生态条件，例如为驯养的野生经济动物提供比自然界更充足的奶与蛋白质，这样才能使家养后的野生经济动物生长快、产仔多且成活率高，从而达到高产的目的。但是，一些杂食和肉食动物在自然界中所需的动物蛋白，是靠采食活体饵料获得的。家养后，改喂人工配合饲料，违背了它们原来的生态条件，改变了它们的食物结构，所以会出现肉质变差、药用功能降低的现象。随着生长速度的加快和生产规模的扩大，这一现象更加突显出来。使得驯养野生动物市场价格大大降低。所以，还要对已获得高产的驯养野生动物进行生态还原，让它们重新回到野生状态。这样，才能达到既高产又优质。可以说，"模拟生态、优于生态、还原生态"是驯养野生经济动物的一条重要法则。人工养竹狸也必须遵守这一法则。

要想驯养的野生竹狸获得高产又保持原有野生特色，必须认真研究其自然生态，从研究其食物结构及其人工生物链入手，然后进行仿生、优生再还原为野生。仿生——环境是重点，优生——营养是重点，还原——品质是重点。通过仿生驯养的野生竹狸成功后，就用优生迅速提高产量，然后再用一段时间来回归自然——在创造生态环境和人工生产饲料上下功夫，将其还原为野生状态，使其肉质和药用功能转复还原到野生水平。从而大幅度提高人工养竹狸的经济效益。这是本章的精髓，也是本书的特色。

当前，生态养竹狸产业化条件已经成热。运用人工生物链技术，大力发展生态养竹狸，不仅可以大幅度降低饲养成本，提高竹狸产品的产量和质量，还能充分利用废物，化害为利，推动环保养竹狸产业的发展；能以最低的生产成本，建立人工养竹狸生态良性循环，较好地实施生态竹狸产业可持续发展战略。

 ## 第二节　模拟生态养竹狸法——入门诀窍

刚开始人工驯养时，竹狸种源缺乏，长途运输种狸也不容易。贫困山区农户要发展竹狸养殖，应设法解决种狸来源。我国南方山区盛产野生竹狸，当地农民最好捕捉野生竹狸，或在当地市场选购野生竹狸加以驯养。

一、寻找、捕捉野生竹狸的方法

站在山坡高处往下看，如发现小片竹林或芒草枯黄，说明这里地下有竹狸窝穴。在大片竹林中，如发现竹根附近堆积有大量新鲜松动的碎泥和竹狸的新鲜粪便，说明竹根下面有竹狸窝。在这些地方挖掘，十有八九能找到野生竹狸。

竹狸洞深而且多有分支，洞道向上方和左右弯曲，藏于竹蔸深处，单靠挖穴和往洞中灌水，很难将竹狸驱出洞来。由于竹狸没有喝水的习性，如强行灌水，会迫使竹狸喝饱水才跑出来，这时即使捉住也难养活。现介绍一种简便有效的捕捉方法吹火筒吹烟进洞法。

制作一个长而大的吹火筒（比农家常用的吹火筒大 1 倍以上），在吹火筒里放 100 克木糠（锯末）和 1~2 个干辣椒，点燃火后，将充满黑烟的竹筒对准扒开的洞口，把带有辣味的浓烟吹进狸洞，2~3 分钟后竹狸就会跑出来。此法可以避免山林火灾，比较安全，效果也好。

成年野生竹狸被烟熏刺激后冲出洞口时十分凶猛，见人就咬，如不注意捕捉方法很容易被它伤害。当竹狸冲出洞口时，不能用木棍敲打或按压，应该利用麻袋或塑料编织袋套捉竹狸并放进铁笼，采用一窝一笼的方式将它们装运回家驯养。

二、驯养野生竹狸的原则与方法

野生竹狸驯养不成功，常常是野生竹狸关在一起而打斗不休，不吃食物，原因主要是不了解野生竹狸的生活习性，没有掌握好驯养的原则与方法。人工驯养野生竹狸的原则是模拟生态，就是仿照竹狸在山坡竹林打洞穴居的生活环境，尽量在鼠窝、鼠池建造及饲养管理上创造接近它原来的生活条件，如串窝群居，一洞做窝，喜吃芒草、竹枝、草根，白天睡觉晚上活动，一窝为一群等。如能模拟自然生态，达到它原来的生活条件要求，就会驯养成功。

（一）消除竹狸对人的陌生感，实现人与竹狸和谐相处

这是非常关键的一步。饲养员要研究对竹狸接近方式，既要注意自身的安全，又不使竹狸感觉受到威胁而增加恐惧，最好的方法是选择竹狸喜欢吃的饲料，用投喂饲料方式来接近驯养的竹狸。通过饲养员与竹狸的亲密接触，消除了竹狸对人的陌生感和恐惧，实现人与竹狸和谐相处，使竹狸能接受饲养员的喂养和管理。但是人工模拟是有限的，提供给竹狸的各种条件不可能与竹狸类的野外生存环境完全一致。正是让被驯养的竹狸慢慢适应这种

"不一致"，野生才慢慢转变成为家养，驯养就算基本成功了。

早期驯化，就是利用幼龄机体可塑性大的特点，抓紧在幼竹狸的早期发育阶段对其进行驯化。生产实践证明，幼年竹狸驯化效果明显好于成年竹狸。

（二）生态环境模拟，主要是建设生态竹狸场和竹狸池

竹狸场是根据对养竹狸的野外生存环境、生活习性特征进行模拟用人工建成的。竹狸场地要选择背风向阳环境安静、卫生的地方。竹狸场地内要建竹狸房和池，池中也可建造一些竹狸洞穴，保持阴暗和凉爽，便于竹狸在洞中栖息。根据竹狸养殖计划，在场内要建造竹狸房，或称竹狸窝。在场内自然条件的基础上，补充人工条件，造成竹狸生活的良好环境，如场内有树林、草地、水流，并种有相当数量竹狸的饲料植物；再补建适合竹狸类栖息、繁殖的冬暖夏凉竹狸房。

竹狸池的内壁表面要光滑，使竹狸无法攀逃。房门及孔道皆设有封锁设备。竹狸大池内要用水泥空心砖连成空隙的洞道，竹狸可在洞道中栖息。总之，竹狸房与竹狸池是根据竹狸的生活习性，模拟竹狸的生活环境而建立的，以便使竹狸在其中活动、觅食、繁殖、栖息等如同在自然界，使从野外引捕种竹狸放在池内饲养能尽快适应。

竹狸封闭式的饲养更要重视狸洞环境的模拟，这是生态驯养竹狸的关键。狸洞是竹狸栖身的主要场所，是最基本的生活单位。了解竹狸的洞穴生存环境，尽量从人工条件上满足其生活要求，对人工驯养竹狸具有极其重要的意义。

（三）食性模拟

根据竹狸的食物链在竹狸场的外围建立相应种类、规模的牧草、王竹草、甜玉米、甘蔗生产基地。要按比例进行不同规模的生产布局。保证青料、多汁饲料一年四季不中断。应用人工生物链连接技术，把竹狸同其所需的青饲料生产按比例紧紧连在一起。

（四）繁殖模拟

竹狸人工生态稳产高产繁殖系统是建立在繁殖模拟基础上的。

主要是做好自然交配环境模拟。人工饲养后，竹狸的活动空间大大缩小了，特别是竹狸繁殖池很小，饲养幼狸和商品竹狸还可以，饲养种竹狸是不利于交配的。在配种季节，种竹狸要放到大池里，公母按比例组配群养。尽量接近野生竹狸自然交配环境，才能提高人工养竹狸的配种率和繁殖率。

（五）驯养操作掌握好四个方面

1. 选择无病伤、身体健壮的野生竹狸作为驯养对象

在集市上采购竹狸，应选择没有伤残、牙齿完好的个体作种，特别要注意检查是否有内伤或被毛深处的外伤。在不同地方购进的竹狸，不能合笼，应单笼运回驯养。

2. 小群暂养

为防止打架，捕捉或购回的竹狸应以一窝为一群暂养一段时间，使竹狸适应人工饲养的环境。第 1～3 天，竹狸可能不吃不动，尤其是白天，这是正常现象；待适应环境后，竹狸会慢慢采食并开始活动。暂养时间为 5～7 天。

3. 检查并治疗外伤

尽管在购进时已详细检查，但在装笼运输过程中，仍可能引起轻微外伤，故放进窝时仍要详细检查并医治外伤，一般用碘酒、磺胺结晶粉、利福平、紫药水等，伤口较深的可撒些云南白药。

4. 驯食

这是饲养竹狸成败的关键。对于野生竹狸，驯食前要研究其生活环境。在市场购买时，要询问卖主是从什么地方捕获的。如果是在竹林、山坡捕获，驯食则先以嫩竹枝、竹笋作为诱吃食品，同时添加芒草秆、玉米秆，逐渐扩大到其他食物；如果是在芒草产地捕获的，则先以芭芒草、玉米秆作为诱吃食品。诱吃成功后，可逐渐减少诱吃所用的单一食物，再过渡到多样化饲料，并加入精料使竹狸获得全价营养。驯食时要耐心细致，如无法了解竹狸的食性，可用各种野生食物分别试喂。驯食时可按照由野生芒草、竹枝、茅草根，逐渐改为人工栽培的甘蔗茎、象草秆、红薯、玉米粒及其他杂粮，再过渡到配合饲料的原则。在提供的野生食物尚未采食之前，绝不能喂配合饲料。经过这样耐心细致的驯食，一般都能驯养成功。

第三节　优于生态养竹狸法——高产诀窍

"模拟生态"驯养竹狸可获得成功，但是不能获得高产。因为现在大气污染、自然环境恶化，野生竹狸能采食到的天然食物已没有原来那么多、那么丰富，很难发挥其潜在的生长优势，所以生长缓慢，繁殖低下。必须在模拟生态的基础上，运用科学的方法进一步优化生态条件，例如为驯养的野生竹狸提供比自然界更充足的植物蛋白质，这样才能使家养后的野生竹狸生长快产仔多且成活率高，从而达到高产的目的。优于生态养竹狸法目标是高产，营养与科学管理是重点。由于竹狸的饲料生产方式和竹狸场地理环境的不同，各地要因地制宜走自己生态养竹狸高产之路。要针对以下几个方面开展工作。

一、优化组群

野生竹狸驯养成功后，必须进一步优化组群，才能提高竹狸的繁殖率和后代的体重。如以饲养 3 池（3 笼）为一群，共饲养 15 只，即将不同窝、体质健壮、大小一致的种狸按 12 只母狸配 3 只公狸为一个群体，共放在 3 个连通池内饲养，母狸怀孕后期须隔离饲养，哺乳母狸断奶后再放回原群饲养。这样组群，能防止近亲交配，符合竹狸群居习性，3 个池连通又使竹狸能得到充分运动，这样可以获得优良、健康的后代。

二、青饲料规模生产

针对自然界竹狸的食物减少，要强化竹青饲料规模生产。按竹狸场生产规模、竹狸的生长速度、每日投喂次数和每次投喂量，精确计算出青粗料、多种维生素和矿物微量元素的月需要量，安排好生产和采购。让竹狸获得丰富的食物，充分发挥生长潜在能力。

三、加大精料的投喂数量

针对自然界竹狸生长期缓慢，加大精饲料的投喂数量，加快竹狸的生长速度。

四、补充多种维生素和其他营养

针对自然界竹狸获得营养不全面，通过饮水补充多种维生素和其他营养，提高人工养竹狸的繁殖率与成活率。

五、通过喂奶，训练喝水

针对自然界多数竹狸产仔后在哺乳后期普遍缺奶的现象，要训练竹狸喝水，通过补水，防止母狸缺水吃仔，还可以通过给母狸喂奶转哺乳仔狸，提高仔狸产出率。

六、用 EM 生态除臭保洁

针对人工养竹狸密度增加，舍内空气污染严重的情况，要加大除臭保洁力度。应用 EM 活菌剂除臭，还能提高竹狸的消化吸收能力。

 第四节　还原生态养竹狸法——高效益诀窍

一、在什么情况下需要进行生态还原

人工养竹狸经过产业化大生产获得高产以后，出现竹狸肉质已变性，药用功能已降低，因此就需要进行生态还原。

按照人工养的竹狸改变程度和经营目标，又分为整体还原、

部分还原、单项选择还原 3 种。

（一）整体还原

产业化大生产竹狸由于饲料已完全改变，且在竹狸小池里养大，这样获得的高产竹狸肉质已变性，药用功能已降低，需要整体还原，要求饲料和运动量慢慢恢复到接近野生状态。

（二）部分还原

有些生态竹狸场建设在自然保护区，但是，饲料生产供应不足，需从外地运来补充。用这种方法养竹狸获得高产后，只需部分还原，即增加饲料的种类和数量，使食物结构臻于完美，全部恢复竹狸的药用功能。这一点非常重要。

（三）单项选择还原

竹狸池、竹狸房养的商品竹狸，要还原项目很多，放入竹狸场后，只是增加运动量，仍有条件地投喂原来的饲料，使其达到食用生态标准。这种方法还原目标明确，操作简单，将它编入商品竹狸场产业化生产流水线即可。

二、还原生态养竹狸的操作方法

（一）还原生态养竹狸的技术路线

还原饲养是驯化饲养的逆转过程，原来怎么驯化成为家养，现在转按原来的路线返回去，将家养竹狸返回到野生状态。

（二）还原过程

（1）放养

由室内转向室外。室内饲养达到商品出售规格时，将商品竹狸放进露天竹狸场，环境尽量模拟野生状态。

（2）活动场

比圈养大 10 倍以上，饲养密度降到原来 1/10 以下。

（3）饲料过渡

用 20 天至 1 个月时间，完成饲料缓慢过渡到仿野生配方，并尽量以植物性饲料投喂。

（4）血液、细胞更新

在加大运动量有 4 个月，在露天竹狸场里自由采食 3 个月后，竹狸体内的血液、细胞液已全部更新为野生状态。

（5）对还原生态竹狸进行品质鉴定

简单的鉴定方法是：同一种自然野生竹狸与人工饲养还原的野生竹狸分别煲汤，两种汤的鲜味一样，说明还原合格，可作商品上市出售。如果两种汤的鲜味不一样，说明还原时间不够，还要继续放养，直到两种汤的鲜味完全一致。

三、还原生态竹狸操作注意事项

1. 环境建设更接近自然

有条件的在天然林区大范围圈养效果更好。如果人工造林，不能单一，要求草地、灌木、乔木混交。满足竹狸野外生活各项需求。

2. 竹狸场周边建立若种饲料生产基地（或储存室）

饲料定时定量放入竹狸池内，供竹狸自由采食。

3. 按还原竹狸的品种与数量来设计饲料生产计划

保证有充足饲料供竹狸采食。在还原期间竹狸不掉膘，甚至还能继续增重。

4. 进行多元饲料生产

在自然生物链中，供养竹狸的饲料，多数竹狸采食到的不是一种，而是数种。所以，要按竹狸种的不同需求进行多元饲料生产。在食谱中要有 2～3 种饲料，还原饲养才能成功。这是还原饲养的焦点和难点，需要特别注意。

第五章
竹狸的营养与饲料

饲料是养竹狸的物质基础。根据营养原理、饲料成分、竹狸各阶段生长发育的需要，选择适当的饲料合理搭配，采用科学的方法进行饲喂，能显著提高竹狸的生产性能。

第一节　竹狸的消化生理特点

一、门齿不断生长

竹狸属于啮齿类动物，上、下门牙露于唇外，呈剪刀状，用于啃咬切割竹子等纤维食物，长在口腔内的臼齿用于磨碎食物。由于竹狸的门齿没有齿根，因而能不断生长，所以需要不断啃咬硬物来磨损门牙，使它不至于过长而妨害进食。

二、钙、磷要求量大

因为竹狸门齿在不断生长，又不断地磨损，所以它对钙、磷要求比其他畜禽要求要高得多，在饲料中要特别注意补充骨粉。

三、高纤维食物维护正常消化

竹狸缺乏高纤维食物易引起消化紊乱，采食量会下降。竹狸肠壁很薄，如长期缺乏高纤维食物，肠壁会变厚，会导致消化道内的微生物菌群失衡，并导致消化系统机能损伤。

四、肠管短，盲肠不发达

竹狸属于一种单胃植食性动物，但与同类单胃植食性动物黑豚、兔子相比，它肠管短，盲肠不发达。竹狸的肠管长度只有自身体长度的 3 倍，而黑豚的肠管长度是自身体长度的 10 倍。在肠道中，黑豚的盲肠很发达，约占消化道容积的 45%，竹狸的盲肠占消化道容积不到 10%。粗纤维的消化主要在盲肠中进行。竹狸的肠道结构决定它对粗纤维的消化很弱，每天吃进大量的粗料，只有极少数溶在水中的营养被吸收，绝大部分迅速经过肠管排出体外。

五、喜吃糖分高水分多的食物

竹狸能采食的植物种类很多，但是它对食物有很强的选择性。同样是竹子，它选吃甜竹，不吃撑篙竹和楠竹；同样是玉米秆，它爱吃甜玉米秆，不爱吃普通玉米秆；同样是薯类，它爱吃含糖量高水分多的红薯、凉薯，不爱吃含糖量低水分少的木薯、马铃薯。

六、消化系统有较强适应能力

在野生环境中竹狸一般素食、不饮水，经过人工驯养后，竹狸学会喝牛奶和饮水，也爱吃含有少量鱼粉配制的颗粒饲料。这样能加快竹狸生长速度和提高繁殖率。

第二节　竹狸需要的营养物质

竹狸必须不断从体外摄取养料来维持生命。养料在竹狸体内一部分用于分解产生热能，维持体内外的活动，另一部分用来合成新的物质。营养物质是竹狸维持生命、生长、发育、繁殖所必需的，主要是蛋白质、糖类、脂肪、矿物质、维生素、水分等。

一、蛋白质

蛋白质是生命活动的基础，是构成竹狸身体肌肉、内脏、皮肤、血液、毛等组织和器官的主要成分。蛋白质在生命活动中的作用，是其他营养物质所不能替代的。要使幼狸生长发育良好，种狸繁殖力强，必须保证日粮中含有足够的蛋白质。野生竹狸嗜食植物，以竹根、芒草秆为主食，在自然环境中采食获得的蛋白质较少，所以生长缓慢，9～10月龄甚至更长时间才成熟。改为家养后，喂给配合饲料，饲料中的蛋白质含量大大提高，竹狸的生长成熟期明显缩短，6～7月龄就能成熟。

二、糖类

竹狸体内能量的 70%～90% 来源于糖类即碳水化合物。在竹狸体内，糖类主要分布在肝脏、肌肉和血液中，占体重不到 1%，主要功能是产生热能，维持生命活动和体温。如果竹狸摄取糖类过多，便在体内转变成脂肪而沉积下来，作为能量贮存；如果日粮中糖类不足，竹狸便利用体内蛋白质和脂肪作为热能来源。因此必须供给竹狸充足的能量饲料，如甘蔗、玉米、凉薯、马铃薯等，以满足竹狸对热能的需要。

三、脂肪

脂肪属于高能量物质，它的主要作用是产生热能（所产生的热能相当于同等重量糖类的 2.25 倍），有助于对某些脂溶性维生素（如维生素 A、D 等）的吸收利用。但竹狸体内能量来源主要是糖类而不是脂肪，竹狸体内沉积的脂肪大部分也是由饲料中的糖类转化而来。因此，平时竹狸不需要专门补喂很多的脂肪性饲料，只需在哺育幼狸期、发育期以及冬季适当供应黄豆、花生等，占饲料总量的 2% 即可。脂肪不易消化，不能摄取过量，以免消化不良，引起下痢。

四、矿物质

矿物质是竹狸生长发育、增强抗病能力必不可少的营养物质。常用的有钙、磷、钠、钾、氯、铜、铁、钴、锰、锌、碘、硫、镁、硒14种。

（一）钙和磷

钙、磷是构成竹狸骨骼的主要成分。钙是竹狸体内含量最多的矿物质，在骨骼和血清中含有大量的钙。母狸怀孕期间，血清含钙量比平时高。细胞活动和血液凝固都需要钙质。钙和磷以磷酸钙的形式存在于竹狸体内，还有一小部分磷与镁结合成磷酸镁存在于血清、肌肉和神经组织中。如果日粮中缺乏钙和磷，会引起软骨病、软脚病、幼狸发育不良和佝偻病等。各种豆类和骨粉富含钙和磷，农作物秸秆也含有少量的钙和磷。谷物中磷多钙少，在饲料配合时应注意搭配。

（二）钠和钾

钠、钾存在于竹狸的体液和软组织中，常与氯或其他非金属离子化合成盐类。它们的主要功能是维持血液的酸碱度和渗透压。饲料中一般不会缺钾，钠可从食盐中得到补充，家养竹狸常用淡食盐水拌精料以补充钠。

（三）铁、铜、钴

铁、铜、钴是造血的重要物质。铁是血红蛋白的重要成分，如缺铁就会发生贫血。红黏土中含有大量铁，豆科和禾本科作物籽实、青绿饲料也含有一定量的铁。铜是形成血红蛋白所必需的催化剂，如缺铜则影响铁的正常吸收，同样会产生贫血。钴是维生素 B_{12} 的主要成分，而维生素 B_{12} 有促进红细胞再生与血红素形成的作用，因此，缺钴会引起恶性贫血。给竹狸补喂矿物饲料添加剂（含有氯化钴），可以预防其恶性贫血，并且对生长发育有显著促进作用。

（四）锰、锌、碘、硫、硒

这些元素在竹狸体内含量甚微，但对竹狸的正常生长发育和繁殖关系十分密切。

野生竹狸所需的矿物质，相当部分靠拱吃新鲜泥土获得，植物性食物中供应极少。改为家养后，需补喂矿物微量元素添加剂（生长素），以满足竹狸生长发育的需要。

五、维生素

维生素是竹狸新陈代谢过程中不可缺少的微量有机物质。常用的维生素有：维生素 A、维生素 D、维生素 E、维生素 C、维生素 K、B 族维生素等。

（一）维生素 A

维生素 A 可以促进竹狸生长、增强视力、保护黏膜，在繁殖期、幼狸生长期显得特别重要。各种青绿饲料含有丰富的胡萝卜素，在竹狸体内能转变成维生素 A，是竹狸维生素 A 的重要来源。竹狸如果缺乏维生素 A，会出现夜盲症，生长繁殖停止。因此可喂鱼肝油丸补充，每天 1 次，每次 1～2 粒，包在淀粉饲料中投喂，幼狸每天喂 1 粒鱼肝油丸可促进生长。

（二）维生素 D

维生素 D 的主要营养功能是：有利于钙、磷的代谢，增加钙、磷的利用率。维生素 D 有降低肠道 pH 值的作用，使钙、磷在酸性环境中易于分解，加强肠壁对钙、磷的吸收。

维生素 D 有近 10 种。在竹狸饲养中比较重要的是维生素 D_2、维生素 D_3。

维生素 D_2 的前体物是麦角固醇，广泛分布在植物性饲料中，经阳光中紫外线的照射后可转化为维生素 D_3。就竹狸饲养来说，维生素 D_3 的作用比维生素 D_2 的作用要大 40 倍。

舍饲的竹狸因长期室内笼养，晒不到太阳，容易缺乏维生素 D_3，饲养竹狸一般通过补喂多维素来补充维生素 D_3。

（三）B族维生素

它包括 10 多种维生素。其中与竹狸生长关系较密切的有维生素 B_1、维生素 B_2、维生素 B_6、尼克酸等。它们的功能是促进生长发育，加速新陈代谢，增强食欲，健全神经系统。缺乏维生素 B_1，幼狸会患多发性神经炎；缺乏维生素 B_2，幼狸会食欲下降，生长停滞，足部神经麻痹；缺乏维生素 B_6，竹狸会出现贫血，食欲不振，口鼻出现脂溢性皮炎；缺乏尼克酸会导致竹狸干瘦、脱毛。豆类、谷物外皮、青绿饲料均含有丰富的 B 族维生素。幼狸和消化不良的竹狸应常喂复合维生素 B 溶液。

（四）维生素 K

它主要作用是促进血液正常凝固。缺乏维生素 K 时，身体各部位出现紫色血斑。各种青饲料均含丰富的维生素 K，所以，即使采用配合饲料喂养竹狸，也不能中断青绿饲料。

（五）维生素 E

又叫生育酚，与竹狸繁殖机能有关。其作用是能增进母狸生殖机能，也能改善雄狸体质。如缺乏维生素 E，繁殖能力下降。在谷物类籽实和油料籽实的胚以及青绿饲料、发芽的种子里，都含有丰富的维生素 E。

（六）维生素 C

又称抗坏血酸。参与糖类和蛋白质代谢。可提高竹狸免疫力，促进肠内铁的吸收。缺乏时发生败血症，生长停滞，体重减轻，身体各部发生出血或贫血。一般竹狸不会缺少，但应激情况下也会不足。不足时可补充多维素。

六、水

水占竹狸体重的 70%，可促进食物消化和营养吸收，还能输送各种养料，维持血液循环，并能排除废物、调节体温、维持正常生长发育。竹狸虽然需水量较少，但缺水比缺饲料的后果更为严重。竹狸轻度缺水会食欲减退、消化不良；严重缺水会引起中毒死亡；特别是在产仔哺乳期间，母狸需水量为平时的 2～3 倍，如产仔时缺水口渴，会把仔狸吃掉；哺乳期缺水无奶，仔狸会饿死；夏天运输途中缺水，竹狸极易中暑死亡。竹狸没有直接饮水的习性，所需水分靠采食植物间接摄取，所以，对竹狸的喂料首先必须考虑其水分的需要，尽量按比例搭配多汁食物。产业化大生产因投喂饲料较干，应从小训练竹狸饮水。

 # 第三节　竹狸对各种营养需要量参考

　　竹狸从日粮中摄取的各种营养物和能量，一部分用于维持生命活动需要，一部分通过生物化学作用变化转变成各种产品。竹狸在不同的生理时期，由于新陈代谢具有不同特点，所以对营养物质和能量需求也就不一样。由于竹狸是近年来兴起的特种养殖动物，有关其营养需要量，目前尚无正式的研究资料。制表时绝大部分参照我国 2001 年制定的实验动物营养标准（GB 14924—2001），但考虑竹狸是啮齿类动物，不断磨牙消耗骨质较多，所以钙和磷用量适当加大。以此为依据，列出以下竹狸对各种营养物质需要量，仅供参考（见表 5-1～表 5-4）。

表 5-1　竹狸所需常规营养指标参考

营养成分	种竹狸	育成竹狸
代谢能/(兆焦/千克)	9.83～11.0	9.83～10 3
粗蛋白/%	13～18	15～16
粗脂肪/%	3	3
粗纤维/%	10～16	10～16
钙/%	2.0～3.0	2.0～3.0
磷/%	1.0～1.6	1.0～1.6

表 5-2 竹狸所需微量元素指标参考

营养成分	种竹狸	育成竹狸
铁/(毫克/千克)	100	100
锰/(毫克/千克)	75	40
铜/(毫克/千克)	10	10
锌/(毫克/千克)	50	40
碘/(毫克/千克)	0.2	0.2
钴/(毫克/千克)	0.1	0.1
硒/(毫克/千克)	0.05～0.1	0.05～0.1

表 5-3 竹狸所需维生素指标参考

营养成分	种竹狸	育成竹狸
维生素 A/(国际单位/千克)	14000	35000
维生素 D/(国际单位/千克)	600	300
维生素 E/(国际单位/千克)	120	60
维生素 K/(毫克/千克)	3	10
维生素 B_1/(毫克/千克)	8	4
维生素 B_2/(毫克/千克)	10	5
维生素 B_3/(毫克/千克)	24	12
维生素 B_5/(毫克/千克)	20	50
维生素 B_6/(毫克/千克)	10	6
维生素 B_{11}/(毫克/千克)	10	10

表 5-4 竹狸所需氨基酸指标参考值

营养成分	种竹狸	育成竹狸
赖氨酸/%	1.32	0.89
(蛋氨酸＋胱氨酸)/%	0.99	0.60
精氨酸/%	1.10	0.76
组氨酸/%	0.55	0.80
色氨酸/%	0.33	0.30
(苯丙氨酸＋酪氨酸)/%	1.10	1.60
苏氨酸/%	0.88	0.75
亮氨酸/%	1.76	1.50
异亮氨酸/%	1.11	0.85
缬氨酸/%	1.21	1.00

第四节 竹狸饲料的种类及营养成分

根据竹狸生长发育和繁殖所必需的营养来分类，竹狸的饲料分为能量饲料、蛋白质饲料、矿物质饲料和维生素饲料。

一、竹狸饲料的种类

（一）能量饲料（又称碳水化合物饲料）

这类饲料主要有玉米、稻谷、小麦、高粱、小米等，都是禾本科作物的籽实，其碳水化合物的含量占70%以上，此外，还含蛋白质7%～12%、脂肪2%～4%，B族维生素较多，除黄玉米和小米含有少量胡萝卜素外，其他籽实均缺乏胡萝卜素。

（二）蛋白质饲料

这类饲料主要是豆科作物的籽实，如豌豆、竹豆、绿豆、蚕豆、黄豆等，蛋白质含量较高，占21%～48%，淀粉含量为34%～65%，粗纤维含量为5.2%～8.3%，除黄豆、黑豆外，其余的脂肪含量在2%以下，矿物质中除钙高于禾本科作物的籽实外，其余与之相似。

豆科作物的籽实含有丰富的蛋白质，宜以豌豆、竹豆等含蛋白质中等的豆类喂竹狸。含高蛋白和高脂肪的籽实如黄豆用量不宜超过4%，并要炒熟，否则会引起嗉囊臌胀和下痢。

（三）矿物质饲料

这类饲料的主要成分包括钙、磷、钠、钾、氯、铁、铜、钴、锰、锌、碘、硫、镁、硒等元素。这些元素一般存在于饲料中，但数量不足，不能满足竹狸的需要，需要在日粮中补给，特别是笼养和围棚圈养条件下，竹狸缺乏矿物元素不仅会生长发育不良，繁殖力下降，而且还会出现多种疾病。常用的矿物质饲料一般是配成保健砂让竹狸自由采食。

（四）维生素饲料

现在大中型养狸场，一般采用多维素添加剂。竹狸缺乏维生素会影响生长发育甚至患病死亡。关于维生素的作用及使用方法，在下面"饲料添加剂的种类与选用"中详细介绍。

二、竹狸常用饲料的营养成分

现将竹狸常用饲料的营养成分和维生素含量列成表（见表5-5、表5-6），供参考。

表5-5　竹狸常用饲料营养成分表　　　　单位：%

饲料	水分	蛋白质	脂肪	粗纤维	淀粉糖类	灰分	钙	磷
稻谷	11.96	9.34	1.36	10.77	60.45	6.12	—	—
玉米	11.35	9.55	4.00	2.25	70.75	1.89	0.03	0.18
小麦	11.36	11.10	2.00	1.80	71.00	1.90	0.05	0.79
大米	14.05	7.45	1.45	1.10	74.85	1.10	—	—
高粱	10.00	9.70	3.30	5.50	68.48	2.90	—	0.12
大麦	11.40	11.30	2.00	5.0	66.63	3.20	0.23	0.24
多穗高粱	14.80	8.20	2.30	1.83	70.60	2.10	0.01	0.16
燕麦	12.03	11.90	3.54	10.41	58.27	3.85	—	—
小米	11.10	11.21	1.90	4.90	65.60	4.90	0.06	0.33
豌豆	12.80	23.10	1.70	5.60	52.96	2.70	0.32	0.82
绿豆	11.80	20.80	10	4.70	48.54	3.70	0.16	0.40
蚕豆	10.40	36.50	1.60	7.50	40.18	2.80	0.65	0.37
黄豆	10.22	40.3	13.10	4.10	27.50	4.20	0.24	0.34
黑豆	8.40	41.11	12.10	4.80	28.3	4.60	0.24	0.45

表5-6　每千克饲料的维生素含量表　　　　单位：毫克

饲料	胡萝卜素	硫胺素	核黄素（维生素B$_2$）	尼克酸（维生素PP）
黄玉米	1.0	3.4	1.0	2.3
高粱	0	1.4	0.7	6.0
大麦	0	3.6	1.0	48.0
小米	1.6	2.1	0.9	23.0
燕麦	0	6.2	1.1	14.0
豌豆	0.4	10.2	1.2	27.0
绿豆	2.2	5.3	1.2	18.0
蚕豆	0	3.9	2.7	26.0
黄豆	4.0	7.9	2.5	21.0
黑豆	4.0	5.1	1.9	25.0

三、竹狸饲料添加剂的种类与选用

（一）饲料添加剂的种类

为了满足竹狸的营养需要，完善或保护日粮营养的全价性，需在饲粮中添加原来含量不足或原来就不含有的营养性和非营养性物质，如合成氨基酸、微量元素、维生素、益生素、抗氧化剂、霉制剂、防霉剂、驱虫保健剂等都属于添加剂。添加剂可以提高饲料的利用率，促进竹狸生长，防治某些疾病，减少饲料贮存期间营养物质的损失或改进竹狸产品品质，提高产品的商品性等。

1. 营养性添加剂

使用营养性添加剂的目的在于使竹狸日粮养分平衡。营养性添加剂主要包括氨基酸、维生素和微量元素。

（1）氨基酸添加剂

竹狸的配合日粮主要由植物饲料组成，而植物饲料中最缺乏的必需氨基酸是赖氨酸、蛋氨酸和色氨酸等，所以必须另外添加。其添加量应根据竹狸日粮配合时所计算出来的含量与饲养标准中要求量的差额来补足。

（2）微量元素添加剂

通常须补充铁、铜、钴、锰、锌、碘、硫、镁、硒等几种。微量元素添加剂有面市的产品，建议就地采购本地有信誉的正规饲料添加剂厂生产的禽类微量元素添加剂产品。

（3）维生素添加剂

集约化笼养的竹狸，其饲料中一定要添加足够的维生素，才能保证其生长速度和预防应激反应。

2. 非营养性添加剂

（1）保健助长剂

① 微生物促长剂　主要作用是提高饲料效率，防治疾病，保障健康。常用的有杆菌肽锌、土霉素等。但由于长期使用，已使动物体内产生耐药性，现在抗生素治疗疾病的疗效越来越不理想，

而禽产品中残留的抗生素又直接威胁着人类的健康，目前生态养竹狸已停止使用，在竹狸场中倡导使用微生物促长剂、益生素等。

② 消化促进剂

a. 酶制剂，其作用是帮助消化，使竹狸能充分利用饲料中的营养素。常用的酶制剂有羊、兔用复合酶制剂、"酶他富5000C"（德国巴斯夫公司产）等。

b. 益生素，又称活菌剂、生菌剂。是一种通过改善肠道菌群平衡而对机体产生有益作用的活微生物添加剂。产品有"强力益生素"、"澳泰益生素"、"希普益生素"等。现在广西各地竹狸场多用自己生产EM活菌剂对水或拌料饲喂竹狸，达到促进消化、粪除臭和减少蚊蝇的目的。

c. 有机酸，在竹狸生产中使用最广泛、效果最好的是延胡索酸（即富马酸）和柠檬酸。其作用主要是促进增重，提高饲料转化率和成活率，还有抗热应激、促进毛生长、预防啄毛等。

d. 大蒜制品，具有促进采食量，提高饲料转化率、成活率和体重的作用。

③ 驱虫保健剂　主要指添加于竹狸浓缩预混料中的抗球虫药。

（2）产品工艺剂

① 抗氧化剂　饲料中添加抗氧化剂，可防止脂肪及维生素的氧化。常用的有丁基化羟基甲苯（BHT）、丁基化羟基甲氧基苯（BHA）。

② 工艺用添加剂　用于配制竹狸浓缩预混料的饲料工艺添加剂主要有膨润土、稀土元素等，可作微量元素的增效剂，有助生长作用，用量为2%。

（3）中草药添加剂

在竹狸浓缩预混料中添加甘草、龙胆草、穿心莲、木炭末等帮助消化和提高抗病能力。

（二）饲料添加剂的选用

1. 氨基酸的作用及其添加剂选用

蛋白质由20多种氨基酸组成。氨基酸有必须氨基酸和非必须氨基酸之分。不用从饲料中获取，在竹狸体内就能合成的称非必须氨基酸。竹狸体内不能合成或合成很少，不能满足需要，必须从饲料中获取的，称为必须氨基酸。氨基酸是蛋白质的基本组成成分。竹狸吃了含蛋白质的饲料后，经过消化、分解、吸收。变成各种氨基酸进入血液，再输入体内各组织中，重新组合成组织蛋白。

竹狸的必须氨基酸约有 10 种，应由饲料中摄取。赖氨酸、蛋氨酸和色氨酸最为重要，机体在利用其他各种氨基酸合成体蛋白时，都要受这三种氨基酸的制约。缺少三种中的任何一种，都会降低其他氨基酸的有效利用率。为此人们把这三种氨基酸称为限制性氨基酸。

饲料中必须氨基酸的含量因饲料的种类不同而不同。用几种饲料配合可以取长补短，提高饲料的营养价值。这就是氨基酸的互补作用。实践中，在选用喂竹狸的饲料时，千万要注意饲料的多样化，且注意氨基酸的互补作用，不可使用单一饲料。一般要用 4~5 种饲料配合使用，才能保证日粮中氨基酸的平衡，提高蛋白质的利用率。由于蛋白质含量高的饲料如豆类价格较贵，用多了，造成浪费，又提高了成本。饲料配方如果恰到好处，配合得当，刚好满足竹狸的正常生长发育、繁殖、哺育后代所需的氨基酸，就会大大降低养鸽成本，获得较高利润。

竹狸饲料中蛋白质也不是越多越好。日粮中蛋白质含量过高，体内氮的沉积并不能增加，反使排出的尿酸盐增多，降低蛋白质的利用率，造成饲料的浪费和肾脏机能的损害，严重时，甚至会在肾脏、输尿管或身体的其他部位沉积大量尿酸盐，使竹狸出现痛风，甚至死亡。反之，日粮中蛋白质过低也会影响饲料的消化率，造成代谢失调，影响竹狸生产力的发挥和因蛋白质不足造成的体质衰弱，抗病力下降，严重时会大批死亡。

氨基酸添加剂的使用：一般豆类饲料中，赖氨酸的含量较高；谷实类饲料中，蛋氨酸和赖氨酸含量较低。竹狸饲料是以豆类和谷实为主的。如果在日粮中适当添加蛋氨酸或赖氨酸，能节省饲料或强化饲料蛋白质的营养价值。蛋氨酸和赖氨酸的用量是按日粮中不足的部分进行补充。一般添加量是日粮的 0.05%～0.1%。加多了会抑制竹狸生长，甚至中毒。

2. 维生素的作用及添喂方法

（1）维生素结构不同，营养、生理作用不同

维生素是一组结构不同、营养作用不同、生理作用不同的化合物。维生素既不是提供能量，也不是竹狸身体组成成分，主要是控制、调节代谢。维生素的需要量很少，但它的功能却非常大。维生素必须从饲料中取得，但一般饲料中维生素含量均不能满足竹狸的需要，必须另外补充。

维生素是竹狸生长发育、繁殖所必须的特殊有机物质。饲料中维生素含量虽很少，但却能使饲料发挥最佳效果。维生素对竹狸的新陈代谢、生命活动起着非常重要的作用。维生素缺乏时，引起的疾病，不是某一器官的病变，而是对整个细胞产生破坏性作用。轻者影响健康，重者成为不治之症，甚至死亡。因此饲养竹狸必须保证维生素添加剂的供应，以补充饲料中维生素的不足。竹狸从饲料中摄取的维生素有 14 种之多，最易缺的是维生素 A、维生素 D、维生素 B_1、维生素 B_{12}、维生素 E 和维生素 K 等。

（2）维生素分脂溶性和水溶性两大类

维生素 A、维生素 D、维生素 E、维生素 K 为脂溶性。维生素 B、维生素 C 是水溶性的。其中尤以 B 族维生素的家族最大。主要有：硫胺素、核黄素、钴胺素、烟酸、泛酸、叶酸等。

① 脂溶性维生素

a. 维生素 A（胡萝卜素）

维生素 A 与胡萝卜素具有同样的性质和作用。维生素 A 多存在于动物体中；胡萝卜素多存在于植物体中。

维生素 A 的主要营养功能是保护黏膜及上皮组织，维持上皮细胞的正常功能，保护视力正常，增强机体抵抗力，促进生长。缺乏时，幼狸出现眼炎或失明，发育迟缓，体质衰弱，被毛松乱，运动失调。如不及时补充，就会出现眼睛发炎，眼睑肿胀。成狸

缺乏时则出现消瘦，被毛松乱无光泽。维生素 A 在鱼肝油中含量丰富。水果皮、南瓜、胡萝卜、黄玉米中所含胡萝卜素能在竹狸体内转化为维生素 A。竹狸如果出现维生素 A 缺乏症时，应及时补充，补喂的剂量应比正常需要量大 4 倍。

维生素 A 与胡萝卜素都不稳定，易被氧化。所以饲料贮存久了，大多维生素 A 被氧化失效。添加维生素 A 的饲料最好现配现喂。

b. 维生素 D

维生素 D 有近 10 种。在竹狸饲养中比较重要的是维生素 D_2、维生素 D_3。

维生素 D_2 的前体物是麦角固醇，广泛分布在植物性饲料中，经阳光中紫外线的照射后可转化为维生素 D_3。就竹狸饲养来说，维生素 D_3 的作用比维生素 D_2 的作用要大 40 倍。

维生素 D 的主要营养功能是：有利于钙、磷的代谢，增加钙、磷的利用率。维生素 D 有降低肠道 pH 值的作用，使钙、磷在酸性环境中易于分解，加强肠壁对钙、磷的吸收。

舍饲的竹狸因长期室内笼养，晒不到太阳，容易缺乏维生素 D_3，饲养竹狸一般通过补喂多维素来补充维生素 D_3。

c. 维生素 E

维生素 E 是生育酚的总称。除能防止不育症外，还是体内的抗氧化剂、代谢调节剂。对消化道和体组织中的维生素 A 有保护作用。可提高竹狸繁殖力。维生素 E 与微量元素起协同作用，以维持肌肉、睾丸与胚胎组织的正常发育。

维生素 E 缺乏时：仔狸可能会患脑软化症、白肌病等。公狸出现睾丸退化变性，造成生殖机能减退；母狸缺少维生素 E 时，受孕率降低和胚胎早期死亡。通常添加多维素补充维生素 E，促进仔狸生长发育，提高母狸受孕率。

d. 维生素 K

又称凝血维生素，是血液凝固必需的物质。当竹狸缺乏时，病狸易出血，而且出血后不易凝固。在竹狸饲料中大豆含维生素

K丰富，竹狸的肠道也能合成一小部分。

② 水溶性维生素

a. 维生素 B_1

又称硫胺素，在谷物的胚芽和种皮中含量丰富。维生素 B_1 对碳水化合物在代谢过程中形成的丙酮有解毒作用。是糖类代谢不可缺少的物质。缺乏时，竹狸生长不良，食欲减退，消化不良，发生痉挛，严重时，身体弯曲，瘫痪或倒地不起。维生素 B_1 在酸性环境中稳定，在热和碱性环境中极易被破坏。

b. 维生素 B_2

又称核黄素，是细胞进行呼吸作用时所必须的物质。在蛋白质、脂肪、碳水化合物的代谢过程中，起着重要的作用。当竹狸缺乏维生素 B_2 时，幼狸生长缓慢，足趾向内弯曲，有时以关节触地行走，皮肤干而粗糙。雌狸胚胎死亡率高。维生素 B_2 是竹狸最重要而又容易缺乏的维生素之一。因此饲养竹狸要注意补充维生素 B_2。

c. 维生素 B_3

即泛酸。是辅酶A的组成部分，与脂肪和胆固醇的合成有关。维生素 B_3 不足时，仔狸生长不良，被毛粗糙，骨变得短粗。出现口炎，口角有局限性的损伤，种狸繁殖率降低。维生素 B_3 与维生素 B_2 的利用有密切关系。当一种缺乏时，另一种就要增加。泛酸极不稳定，在与饲料混合时，容易被破坏。玉米和豆类含维生素 B_3 很少。因此在以玉米豆类为主的竹狸日粮中应注意添加多维素，以补充维生素 B_3。

d. 维生素 B

又称烟酸、尼克酸，它在碳水化合物、脂肪、蛋白质的代谢中起着重要作用，并有助于产生色氨酸。仔狸的需求量很高。缺乏时会引起竹狸黑舌病。主要症状是病狸舌和口腔发炎，生长受阻，采食减少，被毛发育不良，脚和皮肤呈鳞状皮炎。成年母狸缺乏时，胚胎死亡率高。虽然饲料中有一定含量，但因饲料中的烟酸大多不能利用，所以在生产实践中要添加维生素B，以每500

克饲料添加 10 毫克为宜。烟酸性质稳定。

e. 维生素 B_6

又称吡哆醇。有抗皮炎作用。与碳水化合物、脂肪、蛋白质代谢有关，缺乏时发生神经障碍，表现症状是病狸长时间抽搐而死亡。仔狸缺少时，生长缓慢、皮炎、脱毛、出血。成狸缺乏时，繁殖力下降。但因维生素 B_6 在饲料中含量丰富，并且在体内也能合成，所以竹狸不易缺少。

f. 维生素 B_{12}

即钴胺素，是含钴的红色维生素。参与核酸、甲基合成，参与糖类、脂肪的代谢，对蛋白质的利用起着重要作用。有助于提高造血机能，因而能抗贫血。维生素 B_{12} 能提高日粮中蛋白质的利用率。缺乏时母狸繁殖率降低。植物性饲料中不含维生素 B_{12}。所以在竹狸饲料中要注意添加。

g. 叶酸

与维生素 B_{12} 共同参与核酸的代谢和核蛋白的形成。缺乏时，因血球中的血红蛋白减少而发生贫血。仔狸缺少叶酸时，则生长缓慢、被毛生长不良、贫血、骨短粗。母狸缺少时，胚胎期出现胫骨弯曲。常用饲料中含量丰富。所以竹狸一般是不会缺乏的。对严重贫血的幼狸可肌肉注射维生素 B_{12} 50～100 毫克，一周即可恢复。

h. 维生素 H（又叫生物素）

能抗蛋白毒性因子。参与脂肪和蛋白质的代谢。缺乏时主要表现为皮炎、脱毛、生长停滞。维生素 H 肠内能合成，一般不会缺乏。

i. 胆碱

能调节脂肪代谢，对蛋白质合成有很大的影响。缺乏时引起脂肪肝，繁殖率下降，食欲减退，被毛粗乱。仔狸生长受阻，造成骨短粗症。一般饲料中含量丰富，不会缺乏。

j. 维生素 C

又称抗坏血酸。参与糖类和蛋白质代谢。可提高竹狸免疫力，促进肠内铁的吸收。缺乏时发生败血症，生长停滞，体重减轻，身体各部发生出血或贫血。一般竹狸不会缺少，但应激情况下也会不足。不足时可补充多维素。

 ## 第五节　竹狸常用饲料品种及搭配方法

一、生态高产竹狸饲料由四个部分构成

过去介绍竹狸养殖的书，根据野生竹狸驯养投食的种类，通常把竹狸的饲料简单分为粗饲料（含多汁饲料）、精饲料（含畜用生长素）两大类。在实际操作中，养殖户只投喂粗饲料和精饲料玉米、大米饭、麦麸等，很少喂多汁饲料和畜用生长素。所以生长慢、产仔少。现按高产营养技术标准，将竹狸饲料由两种分成四种，目的在于强化多汁饲料与微型添加剂的应用，使竹狸获得的营养全面平衡，达到优质高产。

（一）青粗饲料

竹狸属植食性动物，对粗纤维消化率极高。青粗饲料占竹狸日粮的80％～55％。适合喂养竹狸的青粗饲料有甜竹枝叶、竹秆、老竹笋、竹根、甜玉米秆、玉米苞、玉米芯、甘蔗头、甘蔗尾、皇竹草秆、象草秆、芭芒秆、茅草根、鸭脚木、胡萝卜、红薯藤、构树、木菠萝枝、猫抓刺、地桃花根茎、芒果枝、榕树枝、禾草、水杨柳等各种农作物和草木的根茎。

（二）多汁饲料

多汁饲料占竹狸日粮的10％。适合喂养竹狸的多汁饲料有甘蔗茎、红薯、凉薯、马蹄（荸荠）、西瓜皮、甜瓜皮、香瓜皮等。

（三）精饲料

精饲料占日粮的15％～20％。适宜喂养竹狸的精饲料有玉米、谷粒、花生、绿豆、黄豆、大米饭、葵瓜籽、西瓜籽、薯干片、麦麸、饼粕、香瓜籽、小草食动物全价颗粒饲料等。

（四）微型添加剂饲料

微型添加剂饲料占竹狸日粮的 1% 左右，由多种维生素、氨基酸和矿物微量元素组成，补充上面三种饲料营养量吸收不足。

二、四种饲料搭配方法与饲喂用量

（一）饲料搭配方法

竹狸的饲料不能太单一，每天应喂粗料 2～3 种，常用的是玉米芯或玉米秆搭配甘蔗、竹枝叶，有时也搭配消暑饲料如茅草根、西瓜皮或中药饲料红花地桃花、鸭脚木等。竹狸对竹类饲料尤为喜爱，每周至少需喂 2～3 次竹枝叶。每天精料搭配 3～4 种，常用的是全价种鸡料（或种猪料、种鸭料）拌大米饭加少量生长素和一小片凉薯（或红薯、荸荠）。竹狸每天喂秸秆、竹枝叶饲料 200克，另喂精料 40～50 克，怀孕及哺乳母狸每天加喂精料 20 克。为了使竹狸获得全面营养，加速生长，饲料要精心选择和搭配，即投喂干料要与青料搭配，含水量多的饲料与含水量少的搭配。粗料缺乏，精料喂量要加大，反之亦然。

野生竹狸没有采食肉类等动物性饲料的习惯，但家养以后从小驯食，也能采食猪、牛、羊骨粉及牛奶、奶粉等动物性饲料。人工催肥竹狸可适当加大配合饲料比例，减少青粗料比例，能加速竹狸育肥。

（二）按比例计算各种饲料用量

以成年竹狸每天投料总量 250 克为例，有以下四个配方。

配方 1：精料占 15%，用料 37.5 克；粗料总量占 85%，用料212.5 克。其中，多汁饲料占粗料总量的 15%，用料为 31.88 克；青粗饲料占粗料总量的 85%，用料为 180.62 克。

配方 2：精料占 20%，用料 50 克；粗料总量占 80%，用料200 克。其中，多汁饲料占粗料总量的 20%，用料为 40 克；青粗饲料占粗料总量的 80%，用料为 160 克。

配方 3：精料占 25%，用料 62.5 克；粗料总量占 85%，用料

187.5 克。其中，多汁饲料占粗料总量的 25％，用料为 46.88 克；青粗饲料占粗料总量的 75％，用料为 140.62 克。

配方 4：精料占 30％，用料 75 克；粗料总量占 70％，用料 175 克。其中，多汁饲料占粗料总量的 20％，用料为 35 克；青粗饲料占粗料总量的 80％，用料为 140 克。

另外，在应用上述配方时，按精饲料总量的 1％加入微型添加剂饲料。

 ## 第六节　配合饲料技术

一、竹狸配料基础知识

精饲料配合技术介绍如下。

1. 配料原则

由于竹狸是以植物为主食，各地给竹狸喂精饲料差异很大。目前，竹狸精饲料配合技术还没有统一的标准。笔者是根据竹狸的食性和优于生态饲养原理，为竹狸设计营养齐全平衡，有利于产业化大生产要求的精饲料配方。制定竹狸精料日粮配方应掌握以下原则：

①　要熟悉竹狸常用饲料的营养成分。配料比例要合理，既要保证竹狸的营养需要，又要符合经济节约的原则。

②　要熟悉和掌握各种竹狸每天的采食量和营养需要量，在配方中使采食量和营养需要量达到平衡。

③　要注意营养价值与适口性的统一，使竹狸爱吃。

④　注意掌握饲料市场价格，选用本地产的营养价值高而又比较便宜的饲料品种，尽可能降低费用。

⑤　不用发霉变质或含有毒素的原料。

⑥　注意不断总结经验教训和学习外地先进技术，提高科学饲养竹狸的水平。

2. 配料方法

日粮配合的方法有试差法、百分比法、公式法、作图法、线性规划与最低饲料成本配合法等。比较常用的是试差法和百分比法。

（1）试差法

适合于家庭和一般小型饲养场使用。

第一步，列出每只竹狸对各种营养物质的需要量。

第二步，根据常用饲料营养成分表，查出现有饲料的各种营养分的含量。

第三步，按能量需要确定各种饲料的比例、数量，然后再用各种饲料的数量与营养成分相乘，即计算出配合日粮的成分。

第四步，求出配合日粮后，再与饲养标准进行对比，如果配合日粮与饲养标准相差5％以内，就可以使用；要是相差超过5％，就要进行调整，使配合日粮与饲养标准大体相符。

第五步，用已经确定的每只竹狸的日粮，与一个家庭或一个竹狸场所饲养的竹狸总数相乘，就可以得出每天所需要的总的饲料数量。

（2）百分比法

适合于工厂化大型笼养竹狸场使用。

第一步，初步确定各种饲料原料所占的百分比。

第二步，从常用饲料营养成分表中查出现有饲料的营养成分的含量。

第三步，用现有饲料的营养成分的含量与各种饲料原料的百分比相乘，即求出每天所需要的各种营养物质量。

第四步，用每天所需要的营养物质量与饲养标准进行对照比较。如果相差不大，就可使用；要是不符合或相差太大，就应调整饲料原料的百分比，使其与饲养标准大体符合或者相近。

各种饲料的搭配比例，应根据各地的具体情况、饲料的来源和价格等因素灵活掌握，主要是掌握好能量饲料和蛋白质饲料的比例。饲料配方拟定后，要经过一段时间试用。如果证明效果良好，就应该稳定下来，不要随便更换，以免引起竹狸胃肠不适。一定要改变饲料配方时，也要逐步改换，要有一个星期的过渡时间，不要一下子完全停喂或改喂某种饲料。

二、自制混合饲料

现在还没有竹狸专用的颗粒饲料。农村饲养竹狸，可利用自产的农副产品，并购买豆粕、骨粉和生长素，制成混合饲料，可降低饲养成本，效果很好。

配方1：玉米粉54％，麦麸20％，花生麸15％，豆粕7％，骨粉3％，另按饲料总量的0.5％分别加入食盐和微型添加剂饲料。

配方2：草粉32％，玉米粉17％，麦麸15％，米糠15％，豆粕15％，骨粉3％，酵母粉2％，另按饲料总量的0.5％分别加入食盐和微型添加剂饲料。

配方3：草粉31％，玉米粉15％，麦麸30％，豆粕16％，骨粉3％，酵母粉2％，植物油2％，另按饲料总量的0.5％分别加入食盐和微型添加剂饲料。

配方4：草粉20％，玉米粉27％，麦麸34％，豆粕5％，酵母粉2％，植物油2％，鱼粉7％，骨粉3％，另按饲料总量的0.5％分别加入食盐和微型添加剂饲料。

配方5：玉米粉30％，麦麸20％，豆粕15％，米糠31％，酵母粉2％，骨粉1％，另按饲料总量的0.5％分别加入食盐和微型添加剂饲料。

将上述各配方原料混合拌匀，用冷开水调湿（湿度以手捏能成团，松手即散开为宜）投喂，现配现喂较好。

三、营养棒的配方及制作方法

营养棒类似全价饲料，主要用于育种和催肥。其制作技术目前还处在萌芽阶段，配方及生产工艺都还有待于在实践中继续完善。常用配方：面粉（玉米粉）1000克，木薯粉500克，花生麸200克，全脂奶粉、豆粕、葡萄糖、畜用生长素各50克，畜用赖氨酸3克，味精2克，多维素1克。以上各种原料混合拌匀，加冷开水调合搓成条状，阴凉、风干备用。每只竹狸每天喂 1 条 10 克的营养棒，与粗料一起投喂。

第七节　药物饲料

给竹狸投药比较困难。竹狸自然采食的野生粗饲料中有些本身就是中草药，具有防病和治病作用。下面姑且把具有防病治病作用的饲料列为药物饲料。

一、茅草根（白茅根）

具有清凉消暑功效，可作夏季高温期的保健饲料。

二、白背桐（野桐）

具有止痛、止血功效。给新引进的竹狸喂其根茎叶，可治内、外伤。

三、野花椒（山胡椒）

具有健胃、消食、理气、杀虫功效。每天喂 1～2 次野花椒根茎，有助于杀灭体内寄生虫。

四、金樱子

具有止痢、消肿功效。竹狸腹泻，可采其根茎投喂。

五、枸杞

具有清热凉血功效。竹狸发烧、眼屎多时，采其根茎投喂。

六、鸭脚木

适用于感冒发烧、咽喉肿痛、跌打瘀积肿痛。常喂鸭脚木根茎，可防治流感和医治内外创伤。

七、细叶榕（榕树）

具有清热消炎功效。采其根茎喂竹狸，可防治感冒和眼结膜炎。

八、大青叶（路边青）

具有清热杀菌功效。采根茎鲜喂，可防治竹狸肠炎、菌痢。

九、金银花（忍冬）

具有清热解毒功效。夏季采根茎喂竹狸，可防治中暑、感冒和肠道感染。

十、红花地桃花（痴头婆）

具有祛风利湿、清热解毒功效。采鲜根茎投喂，可治疗竹狸后肢麻痹；其根煎水内服，可治疗竹狸破伤风。

十一、番石榴茎叶及未成熟果实

具有收敛止泻功效。采集茎叶及未成熟果实鲜喂，可治疗竹狸腹泻。

十二、大叶紫珠

具有止血、止痛功效。取叶晒干研粉拌入饲料喂竹狸，可治内出血与血尿。

十三、绿豆

煮熟投喂或煮成绿豆粥饲喂，夏季可消暑。

第六章 饲料生产基地建设

完全靠采集野生饲料加自产农作物秸秆只能饲养 100 对左右竹狸。要大规模养殖，必须按生产目标制订青粗饲料生产计划，建设饲料基地，保证一年四季都有充足饲料供应。

第一节 饲料基地建设原则与基本要求

一、饲料基地建设原则

（一）兵马未动，粮草先行

青粗饲料（含多汁饲料）占竹狸饲料总量的 $80\%\sim85\%$，发展竹狸规模养殖，饲料生产是第一车间，养殖场是第二车间。只有抓好第一车间的生产，生态竹狸规模养殖才能正常运行。这个位置必须摆正。

（二）充分利用竹狸是农业"清道夫"的功能

建设饲料基地尽可能选择在盛产竹材、玉米和糖蔗产区。首先考虑用好农业垃圾—— 废竹材，玉米秸秆、玉米渣和甘蔗尾叶等。

（三）尽量纳入当地农林生产总体规划

竹狸饲料生产尽量纳入当地农林生产总体规划和城郊农业的"菜篮子"工程项目。把竹狸爱吃的品种列为农业订单，交给农业合作社按质按量生产。

（四）在不产竹材、玉米和糖蔗的地区

必须先搞好饲料基地建设才能引种。

（五）青粗饲料多样化

避免饲料品种单一，青粗饲料多样化，应有 3～4 个品种。

二、饲料基地基本要求

（一）以甜竹和农业秸秆类为主，牧草为补充

在玉米和糖蔗产区，可少种或不种牧草，但必须有一定数量的甜竹和凉薯（或红薯）。

（二）多汁饲料应占青粗料总量的 1/5

母狸产前 20 天和整个哺乳期都要喂多汁饲料，多汁饲料不足母狸不仅缺奶，而且还会吃仔。所以，非糖蔗产区必须种植一定数量的红薯、凉薯和马蹄。

（三）种植品种一次投入，多次产出

从竹狸的食性和降低生产成本考虑，竹狸的饲料生产基地不宜单独建立，而要融入农区林区的生产规划。竹狸饲料基地只需提交生产计划，在种植品种上尽量做到你中有我，我中有你，主要生产任务绝大部分由农林业来完成，我们只把农林垃圾变成竹狸饲料。这样，使种植业一次投入，多次产出，既环保又增值。

（四）四季供给饲料品种要均衡

规模养殖竹狸每天需要青粗饲料数量很大，要做到四季均衡供应很不容易。必须列出每月份产出的饲料品种和数量，按饲料配方进行合理搭配，再按月累计算出不同月份各品种的需要数量，汇总成全年饲料计划，然后下达生产任务。有些品种数量较少，不便自己生产的要纳入采购计划。这样，才能保证饲料多样，品种齐全，营养均衡。

第二节 甜竹栽培技术

我国甜竹有两大类：一是<u>丛生甜笋竹</u>，地下茎粗短、无竹鞭、地上竹秆丛生——主要有麻竹（甜竹）、大头典竹、吊丝球竹；二是散生甜笋竹，有竹鞭，主要依靠地下鞭的生长，地上出笋成林——主要有黄甜竹。

竹狸以吃竹的根茎而得名。但竹狸吃竹子品种是有选择的，它最爱吃甜竹。根据我国甜竹的品种分布，介绍几种甜竹栽培技术供不同省区竹狸养殖户选择。

一、麻竹的栽培技术

麻竹别名甜竹、大叶乌竹等，是优良的笋、叶、竹材用竹类，以产笋为主。麻竹竹笋期长，产量高，笋味美，是夏秋两季的优良蔬菜，制成笋干，笋丝和笋罐头畅销国内外。科学经营麻竹笋每公顷产量可达 30～40 吨，是优良高产笋用竹种。

（一）竹苗快速繁殖

传统种竹多采用整株竹苗斜种法，一株子竹只能作一株苗，成活率低，造林速度慢。目前推广的埋秆断节繁殖法和竹尾分节育苗法，能加快竹子繁殖速度，大大节约种源，提高竹苗利用率 10～15 倍，并比传统种植提早 1～2 年成林。

1. 埋秆断节繁殖法

清明前后，把去年新生的子竹整株从母竹中分离挖出，不要弄伤子竹头。先在竹头以上 5～6 个节处截去尾部，注意切口勿生裂痕。竹头蘸上泥浆，即可种植。植穴挖成烟斗形，穴口直径 40～50 厘米，穴深 40 厘米，穴的南侧挖一条浅斜沟，沟的大小、深浅按竹竿的直径及长度而定，植穴和斜沟内先垫入混有三成沙的杂土。种植时竹头放在穴内，竹秆在沟中，竹芽向两边，然后盖上沙土，竹头覆土 5～6 厘米，竹秆覆土 3～4 厘米，用脚踩实，淋水至湿透，遇旱时每5～6天淋水1次。当每个竹节长根发芽达5～6厘米时，即可断节移植。可用脚踩紧竹秆，挖去四周泥土，将靠竹头的3～4个节分别锯出，每节带芽作为一苗随即移植，这样原来一株苗就可分成4～5株苗。

2. 竹尾分节育苗法

将竹尾部用刀把每节分开，每节带一个芽眼，切口斜度为35度，节眼上方留长1/3，节眼下方留长2/3，然后放入1%石灰水中浸3～4小时，以促进糖分转化，并起杀菌和促芽作用。苗床构成要求"三土七沙"，苗床包沟宽100厘米，沟深15厘米；株行距10厘米×35厘米。插入时，采用斜插法，斜度30度，将节眼下方插入土中，深度以芽眼入土0.5厘米为宜，芽眼朝上。插后淋水至湿透，并盖上一层薄稻草，最后盖上薄膜。当竹芽长至8～9厘米时即可移植。竹节育苗成活率达70%～80%，移苗后成活率可达98%以上，经过精细管理，1～2年后即可长成与成苗子竹一样大小。

（二）造林

麻竹喜温暖、湿润气候，要求土层深厚、疏松、肥沃湿润的中性或酸性土，尤其是在河流两岸的冲积土和村庄四周的肥土上生长最好。在丘陵缓坡地，只要土层深厚、疏松、肥沃也可栽种。黏重积水地或土层浅薄的山坡中上部，不能栽种。石灰岩石山中下部，可种麻竹。造林地要全垦或带垦整地，按2米×3米或3米×3米的株行距定点挖坑，坑宽50厘米、深40厘米，长度按种植材料的长度要求定。麻竹造林有移母竹、带蔸埋秆、竹苗造林法三种。移母竹是目前山区农村多采用的传统造林方法，即整株竹秆斜种法。取母竹与前面介绍的竹苗繁殖取子竹方法相同。种植时将竹秆斜立呈高射炮状，分层填土，压紧土壤，盖上一层杂草，保持土壤湿润。母竹梢端切口，用稻草泥团扎封，防止竹秆干枯。此法缺点是母竹在地面暴露过多，易被风刮或牲畜损坏，影响成活率，现在已不提倡。带蔸埋秆造林与前面介绍的埋秆繁殖法一样，只是竹节长芽后不再断节移植。竹苗造林，是选择健壮的直径 0.5～1.5 厘米的一年生苗，挖苗前截去大部分竹秆，只留茎部 2～3 个节，起苗时将整丛挖起，定植时将苗丛放正，分层填土踏实。竹苗造林成活率高，成本低，是当前推广的丛生竹造林新方法。

（三）抚育管理

新造竹林地，头两年可间种粮食作物，以耕代抚。不间种的造林地，每年须进行 2 次扩坑、除草、松土、培土。在笋还没出土前，用细碎的潮土培土，可防止竹笋老化，提高笋的质量。通过培土还可以培育大笋，提高产量，培土厚度一般为 15～30 厘米（大约 4～8 寸）。麻竹成林抚育以松土、培土、施肥为主。通过松土使竹蔸周围的土壤疏松，使竹笋向两侧水平发展，防止竹蔸抬高。松土宜在出笋前 1 个月（即 4 月份）进行，要求内浅外深。松土结合施肥，保证竹林的高产稳产，肥料以农家肥混合氮肥施放。每年 3 次。春肥（基肥），3 月下旬扒土暴晒后进行，促进笋目萌发，增加竹丛产量．常用有机肥（农家肥）每丛 25～50 千克，或腐熟的饼肥 7～10 千克。肥料施入已扒开的竹丛周围，施肥后立即盖土。第二、第三次施追肥，应在竹笋出土的初期和盛期（6～9 月）进行，促进竹笋生长，提高产量，追肥以人粪尿，猪栏肥或牛羊等畜禽类粪，每丛施入 10～15 千克，先在竹丛四周 1～2 尺开沟，将肥施入沟内立即盖土。要注意防止肥料直接接触嫩笋，以免引起竹笋萎缩死亡，影响笋的产量和品质。

（四）合理采伐

麻竹生长迅速，容易衰老，如采伐不当，竹林容易衰败；合理采伐有利于高产稳产。采伐季节以秋冬季为好，此时砍下的竹秆水分少，竹材坚韧，不易生虫，不影响幼竹生长。采伐时要掌握砍老留嫩、砍弱留壮、砍密留稀、砍内留外、砍口平地的原则。喂竹狸一般取非用材竹，即细弱竹株、病虫竹、断尾竹、风折竹和竹丛下面过密的枝条，头尾和分支部分及老根蔸都可作其饲料。

二、黄甜竹栽培管理技术

黄甜竹为竹亚科酸竹属植物，俗称黄间竹、甜笋竹、甜竹，是福建特有竹种之一。黄甜竹笋期早，发笋率高，笋质优良，具有较高的蛋白质和磷、钙含量，是已知笋中营养成分最为丰富的一种。鲜笋味甜、松脆可口、无涩味，可鲜食，生食或制干，为笋中上上品。黄甜竹适于山区栽培，是很有开发潜力的新的笋用竹种。黄甜竹节间长，竹壁厚，竿通直，尖削度小，韧而坚作晒衣竿，制家具等竿用特佳。黄甜竹枝繁叶茂，色泽浓绿，株型优美，秀雅怡人，宜于庭园观赏和布置屏障阻隔视线之用。黄甜竹主要分布于福建、江西、浙江，适生于中亚热带季风气候。要求土层较深厚、质地疏松、肥沃的酸性土。黄甜竹适栽于浙西南地区的山地、丘陵、平原、冲积溪沿岸，滩涂地和房前屋后空地。海拔900米之下，最低气温为−11℃，对土地和条件没有过高要求，在浙西南地区的地理位置、气候、土地等生态环境条件都很适宜黄甜竹的生长。种植后3年投产，4年郁闭高产，亩产鲜笋可达1000千克以上；经集约经营，亩产量可达2000千克以上。其栽培技术如下。

（一）竹园地的选择与整地

黄甜竹的建园应选择交通方便，坡度小于15度，海拔在900米以下、低丘、平原、冲积溪沿岸，滩涂地和房前屋后空地。土地为深厚疏松、肥沃湿润、微酸性或中性的沙质土壤，pH值4.5~7.0，排水良好的地区。

黄甜竹为散生中型竹，黄甜竹的出笋成林，主要依靠地下鞭的生长。黄甜竹造林一般采取全垦整地。造林前，先清除园内杂草、灌木、树桩、石头等物，垦地深30厘米左右，按预定栽植数挖穴规格：60厘米×50厘米×40厘米，每穴的施饼肥1千克或25~50千克，土杂肥，厩肥和土拌匀，回填穴内。

（二）母竹的选择

选择胸径 2～3 厘米，1～2 年生，分枝低矮、枝叶茂盛，无病虫，生长健壮的黄甜竹为母竹。挖掘母竹时，应留来鞭 15 厘米，去鞭 30 厘米，注意保护鞭芽与鞭根，切勿损害鞭芽。母竹兜带足宿土，母竹挖起后，留枝 4～6 盘。削切竹梢，切口要平滑。

（三）黄甜竹的种植

黄甜竹一年四季均可种植，但以早春和梅雨季节是最佳栽种季节。应避开干旱炎热季节和寒冬季节不利种竹季节。种植密度一般为 55～110 株/亩。定植株数可依母竹来源和经济条件而定。黄甜竹移栽造林要掌握好 3 个要点。一是母竹运到造林地后要及时进行种植。二是栽种前要适当修穴和回垫表土，再将母竹放入穴内，让鞭根自然舒展。注意表土回穴，竹蔸下部与垫土密接，使母竹蔸深度比原入土深 3～5 厘米，再自下而上，分层回填穴土。踏实竹蔸，使竹鞭与土紧密结合。三是栽植时要浇透水，再培土成馒头状，山地造林最好选择阴雨天气为宜。种植当年对于枯死母竹要及时进行补植。

（四）竹园的管理

1. 除草松土

通过除草松土清除杂草对水肥的竞争，改善土壤性能，这样有利促进竹笋生长。竹园除草松土，每年 2～3 次，结合施肥进行。注意近蔸浅，远蔸深。一般第 1 次是新竹发叶后的 5～6 月，除草深翻 25 厘米，挖去老竹鞭，注意保护新竹鞭和壮鞭。第 2 次是 9～10 月，除草松土 15 厘米深。第 3 次是翌年 2～3 月除草浅锄。

2. 科学施肥

根据黄甜竹周年具有长鞭期、笋芽分化期、孕笋期和长笋期 4 个生长期的特点，进行科学施肥，促进竹笋的生长。竹园施肥一般每年 4 次，施肥量随着立竹量的增多逐步适当增加，第 1 次 2、3 月，施催笋肥，促进竹笋多长、长壮。每亩施氮肥 10 千克或每丛竹施人粪尿 10～20 千克，结合锄草时进行；第 2 次 6 月，为多发鞭，发壮鞭，每亩施复合肥 100 千克，结合深翻时进行；第 3 次 9 月，施催芽肥，促使鞭多发笋芽，发壮芽。此时为多干旱天气，宜用低浓度液体肥，固体肥加水泼施，每亩可施人粪尿 1000 千克，冲水 2～4 倍进行浇泼。或每亩施复合肥 50 千克；第 4 次 11、12 月施孕笋肥，每亩施饼肥 200 千克或农家肥 1000～2000 千克。

3. 竹林密度与结构

通过合理调节竹林密度和结构，能保护竹林有适当空间，改善竹林通风和光照条件，保持留养竹有旺盛的发笋能力，为竹林丰产提供基础条件。新造竹园，头 1 年每株母竹留养 1～2 株无病虫的健壮笋培育新竹，第 2、3 年逐年增加，第 4 年成林后，每亩留养 600～800 株健壮母竹，注意留养竹分布要均匀。留养竹龄的比例为 1～3 年生竹应各占 30%，用于调整空间，5 年以上老竹无条件全砍掉。

4. 新竹截梢和删除老竹

当年留养的新竹生长细嫩，应在 6～9 月截除竹梢 1/3～1/4，留枝 12～15 盘，钩梢可降低竹林高度，改善林地光照条件，促进新竹木质化，增强和提高新竹对严冬和冷春霜冻，雪压的防御能力。删除老竹的时间以 6～7 月最好，并结合垦复松土将竹蔸一起挖去。老蔸如不挖去，一时难以腐烂，会使土地利用率下降，影响竹鞭的延伸和竹笋的出土。

5. 竹林病虫害防治

（1）病虫害种类

黄甜竹笋用林的主要虫害是竹笋夜蛾和竹笋象虫（主要是一字竹笋象虫）。这两种害虫的危害往往导致大量退笋，严重影响林分的产量和质量。此外，还发现有黄脊竹蝗等，但危害并不严重。

（2）综合防治技术。

① 加强竹林抚育管理 创造有利于黄甜竹林生长而不利于病虫害发生的环境条件，以提高黄甜竹抗病虫害的能力，减少病虫

害的发生。

②加强预测预报工作　充分掌握病虫害中国移动农信通网站发生发展规律，一经发现，及时消灭。

③加强母竹检疫　老、弱、病、残的母竹植株不用。

④虫害较严重的竹林　在竹笋出土时，可喷洒80％敌敌畏乳剂1000倍液，隔7天1次，连续2～3次；也可喷洒2.5％澳氢菊酯。此外，亦可用竹腔注射法防治竹林食叶、蛀干、啃枝、害笋的虫害，药剂采用40％的氧化乐果按1∶5对水，每株2毫升。应注意的是喷洒或注射后当年竹笋均不宜采收。

 ## 第三节　皇竹草高产栽培技术

皇竹草别名王草，皇竹、巨象草、甘蔗草，坚尼草，属禾本科狼尾草属，皇竹草为多年直立丛生的禾本科草本植物，是由紫狼尾草（象草）与美洲狼尾草（珍珠粟）属间远缘杂交而得的新品种，系哥伦比亚热带牧草研究中心育成。皇竹草的产草量和蛋白质含量都较象草高，冬季缺草期缩短。以皇竹草代替象草，每亩每年可多产鲜草2000～5000千克，多产粗蛋白100～150千克。每亩产草量15000～25000千克。是牛、羊、兔、鱼、鹅、鸭、鸵鸟等一切草食动物的良好饲料。推广种植皇竹草，必将为发展草食家畜饲养业和塘鱼养殖业发挥作用。每亩可养5头牛，50只羊，400只兔。在热带和亚热带地区的许多国家已得到广泛种植，已利用皇竹草替代象草。

我国海南省最早从哥伦比亚引入皇竹草种植，广东省将它列入星火计划加以推广。皇竹草作为良好的动物饲料，于上世纪90年代在海南、广东、广西、云南、贵州、江西、湖南、四川等省份引种，推广种植已有20多年。近年来皇竹草在我国北方省份种植已获得成功，但须盖草或盖农膜保护越冬。湖北、山东、甘肃、河南、河北、江苏等省已大面积推广。现将皇竹草高产栽培技术介绍如下。

一、皇竹草的生物学特性

（一）形态特征

皇竹草是禾本科狼尾草属多年生草本植物，株高 2～3.5 米，最高达 5 米以上。皇竹草须根系发达，茎直立丛生，节间短；叶互生，叶多而大，植株高达 3 米时，叶片弯垂繁茂，叶梢甚少露出，叶面具有少量茸毛。皇竹草一般采用无性繁殖，像种甘蔗那样。生长拔高有 20～30 个节，节间长 9～15 厘米，每节生一个腋芽并由叶片包裹。茎高为 3～4 米，茎粗可达 2～3.5 厘米，株高可达 5 米以上。草叶线型，叶宽 3.5～4 厘米，叶长 60～120 厘米，叶的背面有形状如针的白色短毛绒。圆锥花序，色呈现淡黄色，籽粒较小。

（二）生长特性

1. 生长极快

皇竹草当年栽培幼苗，可以分蘖 10～20 株，第二年继续分蘖，大多数有 30～50 株，多的可达 100 株。鲜草产量一般在 12～15 吨/亩，条件良好的可达 25 吨/亩。干草产量每亩可达 1～4 吨。皇竹草在气温达 12～15℃ 时才开始生长，25～35℃ 为适宜生长温度。

2. 耐热怕寒

低于 10℃ 时生长受到抑制，低于 5℃ 时停止生长，低于 0℃ 的严寒条件下，需采取保护措施，否则，可能被冻死。

3. 根须发达

皇竹草的须根由地下茎节长出，扩展范围宽，根长可达 3 米以上，根须的毛根较多，保水固土能力强。

4. 无性繁殖

皇竹草一般用腋芽进行无性繁殖。只要有芽的节，用节即可繁殖。

（三）适应范围

皇竹草适应性广，耐酸、耐高温、耐干旱、耐火烧，但不耐水涝。喜温暖湿润气候，适宜热带与亚热带地区栽培，在广西可自然越冬，冬季虽然停止生长，但仍能保持青绿色，越冬性能优于象草。对土壤要求不严，贫瘦沙、酸、黏地，水土流失较为严重的陡坡地和轻度盐碱地均能生长，但以土层深厚、有机质丰富的黏质壤土最为适宜。房前屋后、鱼塘边、菜园边、休闲地等都能种植。对土壤的肥力反应快速，耐肥性极强，牛粪为最佳肥料。水热条件要求较严，年日照在 1000 小时以上，年平均气温 15℃以上，年降雨量 1000 毫米以上，年无霜期 300 天左右，水热同期地区最为适宜。可耐低温及微霜，但不耐冰冻。霜冻期长的地区收割后，需利用枯枝和培土保兜。

二、皇竹草的饲用价值

（一）在牧草中亩单产排第一

皇竹草生长快，当年栽培幼苗，可以分蘖 10～20 株，第二年继续分蘖，大多数有 30～50 株，多的可达 100 株。叶量大，叶质较柔软、脆嫩多汁，适口性好，茎叶比小，鲜草产量一般每亩可达 12000～15000 千克，条件良好的可达 25000 千克。

（二）种植简便，耐旱耐瘠

皇竹草移植方法简便，在温度达到 12℃时即开始生长，20℃以上生长加快，生长最适气温为 25～35℃。皇竹草根系发达，丰富的须根网络极易使地表层形成 10～40 厘米的团粒结构，覆盖强度大。皇竹草株高叶茂，侵占能力强，耐旱、耐瘠性能良好，适合粗放管理。

（三）鲜草供应时间长

皇竹草生长期短，产量极高，分蘖多，再生能力强。当年栽培的皇竹草幼苗在中等水肥条件下，40 日龄株高可达 165 厘米，60 日龄达 287 厘米，95 日龄达 389 厘米，120 日龄达 475 厘米。平均 40 天左右收割 1 次，每年的生长期长达 9 个月以上。皇竹草用于家禽和鱼类养殖，西北地区一年收 6 次，南方收 9 次；用于牛羊马养殖一年收 3～4 次。可连续利用数年。

（四）营养丰富，蛋白质含量高

皇竹草的产草量和蛋白质含量都较象草高，冬季缺草期缩短。以皇竹草代替象草，每亩每年可多产鲜草 2000～5000 千克，多产粗蛋白 100～150 千克。

皇竹草营养丰富，每公顷皇竹草的蛋白质含量相当于 8～10 公顷玉米的蛋白质总含量。皇竹草叶片宽大，叶多茎少，拔节前茎叶比为 1:16，皇竹草生长后期，其茎竿粗壮，营养价值和适口性虽有降低，但很适合饲养竹狸。皇竹草叶软汁多，适口性好，是牛、羊、兔、鱼等的优质饲草，是各种草食性牲畜和鱼类的最佳饲料；优质皇竹草青干草粉适口性好，牛、羊、兔、鸵鸟、鹅、鱼等草食畜禽爱吃，可作为其日粮的重要组成成分，饲用价值高（见表6-1）。

表 6-1　皇竹草的营养成分　　　　　　　　　　　%

植株高度/厘米	生长时间/周	干物质	占干物的比例				
			粗蛋白	粗纤维	灰分	粗脂肪	无氮浸出物
50	4	15.8	10.8	28.5	13.9	3.8	43.0
75	5	17.1	8.8	32.2	12.9	3.5	42.6
135	8	18.3	8.7	32.8	10.9	3.3	44.3
150	10	18.5	6.5	33.0	11.4	2.7	46.4
150	12	20.4	5.9	31.9	10.3	2.9	49.0

资料来源：摘自《四川省农业科学院中心实验测验报告》。

（五）皇竹草是畜、禽的最佳饲料

据测算，1 亩皇竹草可分别饲养羊 50～65 只，牛 6～8 头，兔数百只。皇竹草加工成草粉后可用于生产复合饲料，降低生产成本，提高效益。皇竹草用于家禽和鱼类养殖，西北地区一年收 6 次，南方收 9 次；用于牛羊马养殖一年收 3～4 次。不论是鲜草，还是青贮或风干加工成草粉，都是饲养各种草食性畜禽和鱼类的好饲料。

三、皇竹草的栽培技术要点

（一）土地准备

对地块的选择不严，一般的土地都可以种植，但皇竹草在红黏土上的表现要次于沙壤土。pH6.8的荒山、沟沿、房前屋后均可种植。但选择土壤肥、能排灌的地块种植较好，整地时深翻，施足农家肥，有利于其迅速生长。整地完毕后，把地划分为2米宽的墒，墒与墒之间留出宽30厘米、深10厘米的排水沟。按株距5厘米、行距10厘米在墒中打出深10厘米的种苗沟。在沟中施足有机肥和钙肥，晒足半日，土壤默湿大者可适当延长晒沟时间。

新建基地最好在栽植的前一年冬季就将土地深翻，经过冬冻，使土壤熟化。在栽种前再浅犁1遍，每公顷施农家肥75 000千克或复合肥100千克。沙质土壤或岗坡地整地为畦，便于灌溉；平坦黏土整地为垄，便于排水。

（二）育苗

冬季无霜区，一年四季均可引种，有霜区每年3~8月份为佳，如在9月份后引种，冬季应加强保温措施。皇竹草为三倍体杂种，自身难以结实，主要依靠茎节繁殖，生产上利用扦插育苗进行繁殖。每亩用种茎100~125千克，选择较粗壮、芽眼突出、芽饱满、无损伤的种苗板株，用锋利的切刀斜切成具有1~2两个芽节的种苗备用。

1. 茎秆扦插育苗

利用腋芽无性繁殖的皇竹草应选择粗壮、无病虫害的茎秆作种茎，每公顷约需种茎1500~3000千克。插穗应选优质壮苗做母株，同时应采取腋芽饱满且没有萌发的茎节作插穗，细嫩的梢部不宜使用。皇竹草插穗只留1个茎节即可，插穗长度一般为8~12厘米，切穗时切口上端距腋芽2~5厘米，下切口距腋芽3~8厘米。按1~3节切成一段，以株距50~60厘米将种茎平放或腋芽朝上斜插于栽植沟内，覆土 6～10 厘米，栽植后灌水，约半月左右即可出苗。

2. 根蔸分株育苗

为了保证皇竹草苗齐、苗壮，在根蔸分株移栽时最好采用已发芽的老茎，用较粗壮的茎节或根蔸作种条，培育成带须根、有新梢的苗子。栽植时苗子的根部盖好土，上部埋土不能太深，以免泥土闷烂顶芽。在干旱地区为防根部缺墒，最好在苗子栽植后用黑地膜覆盖苗子根部。黑地膜覆盖增温、保墒、除杂草效果好，1 个星期即可出苗。根蔸分株繁殖是皇竹草繁殖的一个重要方式，在温度适宜的日光温室中越冬的根蔸，移植后萌发很快，在翌年移栽时每个单茎都会发育成成株。但是在较低温度下处于休眠状态的根蔸，其翌年的萌发力则存在差异。一般休眠的根蔸在翌年随着外界温度的升高开始萌发，首先是芽膨大，接着芽开始生长，长出叶片，最后生出根。但有些根蔸在翌年春天迟迟不能萌发，但还保持鲜活状态，不枯死，不腐烂。

3. 苗床管理

① 在采秆和切穗过程中，要始终保持遮阳保湿，防止失水萎蔫，影响生根成活。扦插床应选择土壤肥沃，排水良好，背风向阳的砂壤土为宜。苗床罩小棚，覆盖遮阳网。将切好的插穗按一定的株行距在沟内排好后覆土。覆土厚度以覆盖皇竹草腋芽 2 厘米为宜，覆土后浇透水，以后随时保持苗床湿润。

② 待苗长至 5 厘米后，可适当控制水分，以利其根部发育，还要追加尿素，以利幼苗苗壮生长。扦插后，皇竹草插穗在正常养护下，苗床温度在 18～25℃时，7～10 天后腋芽即开始萌发生长，芽基部有根系产生。40 天后皇竹草根系丰满，植株健壮，皇竹草插穗株高 15～20 厘米时即可出床进行大田移栽。

（三）大田移栽技术要点

1. 适宜生长温度

王草在无霜区的植株可天然越冬，在气温达 12～15℃时才开始生长，气温 12℃ 以上开始根部分蘖生长，25～35℃ 为适宜生长温度，低于 10℃ 时生长受到抑制，低于 5℃ 时停止生长，在 0℃ 以上能正常越冬。低于 0℃ 的严寒条件下，需采取保护措施，否则，可能被冻死。

2. 作饲料栽培季节

皇竹草在南方省区虽然一年四季均可种植，但以春季植期为好。作饲料栽培 2000～3000 株/亩。如光照不足，宜稀植，以免倒伏。可重施有机肥和氮肥，增加施肥次数和数量，以满足养分的要求，提高产草量。用较粗壮、芽眼突出的节茎、种蔸、分蘖作种。用节（芽）栽植，每节（芽）为 1 个种苗，节（芽）可平放，也可斜放或直插，入土 7 厘米，保持土壤湿润，10～20 天可出苗。用分蘖栽植深度 7～10 厘米，栽后及时追肥，以促进成活和生长。

3. 种植时间

皇竹草在干热区种植必须视雨水情况和灌溉条件具体来定，如果无灌溉条件，可在第一次透雨后种植，有灌溉条件的可随时种植。

4. 种植方式

可采用横埋法或扦插法，研究表明扦插的出苗串要高于横埋，而生长后期苗的分蘖速度上横埋要比扦插高。可根据实际选择种植方法。

（1）扦插法。

把切好的种苗按株距 20 厘米、扦插角 60～70 度定植好，节芽朝上；双芽节苗第一个芽埋于土中，另一个芽裸露，盖土至刚好接触裸露芽；单芽节苗壮芽浅埋于土壤中。

（2）横埋法。

将准备好的种苗顺沟横埋在种苗沟中，让节芽位于种苗的前后两侧，芽节相距 20 厘米，后盖上 5 厘米厚疏散的细土即可。如果土壤熟性重，则可让土层盖得稍薄一些（3 厘米左右）。

（四）田间管理

1. 补苗

对缺苗的地方及时进行移苗补栽，确保每公顷基本苗达到1.35万～1.50万株。

2. 管水

皇竹草喜水，故每逢晴天早上应浇水，在连续阴天的时候也应浇水，但皇竹草不能受水淹或积涝。因此，浇水要适度，雨天必须注意排涝。

3. 追肥

皇竹草嗜肥，故在施足基肥的情况下还必须及时追肥，在苗高60厘米左右时应追施1次有机肥。幼苗数长到5个以上、主芽长到30厘米时，每亩施尿素7.5千克或农家肥1000千克，以促进茎苗生长。每次割完草每亩施尿素7.5千克。每次收割后，结合松土追肥1次。

4. 虫害的防治

皇竹草属引进植物，尚未发现突出的病虫害，但必须加强病虫害的防治工作，重点是防治幼苗期地老虎。地老虎可造成皇竹草枯心断窝，可用杀虫丹每公顷1500克对水喷施预防。

（五）收割利用

种植60天左右，皇竹草株高达1.5米左右即可收割利用，留茬10厘米。以后每隔45天左右可割利草一次，年割6～8次，每亩产鲜草10～20吨。割一次草每亩需施尿素10千克提苗。生长旺季20～30天可收割1次。竹狸喜食皇竹草秆，随割随喂，鲜食为好。种皇竹草养竹狸，收割不受株高和时间限制。当气温下降到10℃左右进行本年度最后1次收割，随后应重施1次肥，以厩肥为主，确保根芽的顺利越冬和来年的再生。皇竹草是宿根性作物，可连续生长6～7年。到11月中旬，茎苗不再割，应让其生长以贮备养分，增强抗寒能力，便于越冬。安全越冬很重要，注意清除田间残叶杂草，减少越冬场所病虫害，适当培土，确保芽包越冬。

第四节 甘蔗高产栽培技术

甘蔗是我国的主要糖料作物，甘蔗糖约占中国总产糖量的80％。我国2002～2003年植蔗面积约103.93万公顷，其中广西、云南、广东三省区占90％以上。我国甘蔗总产量仅次于印度和巴西，位居世界第三。近年来全国推广甘蔗种植新方法，即"深耕、浅种、宽行、密植"，同时施足基肥等使甘蔗亩产量大大提高。本文就我国甘蔗栽培的丰产技术进行综述。

一、选用良种，合理轮作

推广应用甘蔗良种是提高甘蔗单产的最有效途径，必须选用与蔗区环境条件相适应、抗逆性好、宿根性强的良种，才能获得高产。广西植区选用新台糖10号、16号、20号、22号和粤糖93/159等早、中、晚熟品种，既保证高产又能兼顾糖厂按时开榨和确保糖料蔗的高含糖分。

由于甘蔗生长期长、植株高大、产量高、对土壤养分消耗较多，长期连作或宿根年限较长，土壤肥力下降，养分失去平衡，病虫草害也较严重。合理轮作对甘蔗稳产高产的作用很大，有两种方式：一是水旱轮作，可使土壤疏松，不易板结，蔗稻兼益；二是旱地轮作，甘蔗新植1年并宿根1～2年后轮种花生、大豆、芝麻、蚕豆、甘薯、玉米、谷子等短期作物，有利于改善土壤物理性能。

二、蔗地深耕，重施基肥

一般采用牛犁翻耕或机械深松耕。前者实行两犁两耙，犁至30厘米，耙碎土壤；后者用没有犁壁的硬土层破碎器深度松土，犁35～45厘米深至底土。通常在整地时施基肥，以有机肥为主，适量的磷、钾化肥为辅。一般用1000～1500千克/亩，腐熟农家肥和10～15千克/亩过磷酸钙及硫酸钾，均匀撒施于蔗田；也可在下种前将土、肥拌匀施于植蔗沟内，边施肥、边下种、边覆土。

三、精心选种，浸种消毒

选择蔗茎粗壮、不空心、不蒲心，蔗芽饱满，无病虫为害的蔗茎做种。通常采用生长点以下 50～67 厘米的一段蔗梢做种，用利刀砍成单芽段、双芽段或多芽段，切口要平整，避免破裂。

浸种能增强种苗吸水能力、促进发芽，也可杀灭种苗上的部分病虫害，包括清水浸种、2‰石灰水浸种和药剂浸种。不同方法浸种时间各不相同，长则 1～2 小时、短则 5～10 分钟，药剂浸种可用 50％多菌灵或甲基托布津 800 倍液浸泡 5～6 分钟。催芽能缩短种苗萌发出土的时间、提高萌芽率，有堆肥酿热催芽法和蔗种堆积催芽法两种。催芽时间大约 1 周，当种苗上的根点突出、蔗芽胀起呈"鹦鹉嘴"状时，即可下种。

四、适时下种，深沟栽培

甘蔗下种有大田直播和育苗移栽。根据下种期的不同，分成春植蔗、秋植蔗和冬植蔗等栽培制度。春植蔗下种在立春至清明节令之间，适当早植有利于甘蔗提高产量。秋植蔗在立秋至霜降期间，下种不宜太早也不宜太迟，以中间时期为佳。冬植蔗在立冬至立春两头温度较高时下种最好，温度较低时要用地膜覆盖，保证蔗苗安全越冬。

深沟栽培可以确保前期种苗萌发和后期土壤积蓄水分，利于生长，增强抗旱能力。

1. 深沟浅种法

沟深 50～40 厘米，下种时再挖沟底 7～10 厘米，施入底肥后下种，然后盖土 10～15 厘米，效果较好。

2. 深沟板土法

边开植蔗沟边下种，在开挖第 2 沟的蔗沟时，用其沟底湿土盖第 1 沟的种苗，而后进行镇压。

3. 穴植聚土法

在坡地上免耕（或者耕犁 1 次后）挖穴，后一穴挖起的耕层熟土聚于前一穴内，将深层生土置于穴外风化，穴深 40 厘米，穴与穴距离 100～120 厘米，穴直径 70～80 厘米。

4. 槽植法

沿等高线深开沟，然后闭垄成槽。槽深和宽各 30 厘米，每隔10～20 厘米留 1 个 20 厘米宽的隔埂，形成槽状。

五、合理密植，覆盖地膜

旱地甘蔗出苗率较低，分蘖少，应加大下种量保证有效茎数。行距在 1～1.2 米，比水田种植密度大 8%～16%，下种量在 12 万～13.57 万个/公顷有效芽，或者移栽 7.5 万～9 万株/公顷有效苗。新植蔗种植后，应全部喷施芽前除草剂，进行土壤封闭处理。先喷种植沟，盖膜后喷膜外裸露地面。每公顷用阿特拉津 750 毫升加乙草胺 1500 毫升对水 900 千克均匀喷施。芽前除草剂应选择阴天且土壤湿润时喷施，药效可持续 50 天，防效达 95% 以上。选用厚 0.005 毫米、宽 45 厘米的地膜，盖膜前要求土壤持水量 85% 以上，地膜充分展开并且紧贴种植沟两侧，边缘用碎土压好，透光面在 20 厘米以上，无通风漏气现象，达到增温保湿的效果。

六、抓好宿根蔗护理

宿根蔗要选上一年高产、蔗株分布均匀、无病虫害的蔗地。砍后 7～10 天将蔗叶隔行还田，并破垄松蔸。出现断垄 30 厘米以上的蔗行进行补种或移蔸补缺，确保无断垄现象。松蔸应彻底掘净蔗头周围的泥土，但不挖离原位，保证蔗芽能够萌发。施基肥后及时覆盖地膜和进行化学除草。

七、查苗补苗，追肥培土

在萌芽末期检查蔗田，发现有 30 厘米以上的缺株断行，就需补苗。补苗与间苗相结合。

追肥以有机肥配合一定量的氮素化肥为宜，一般 3～4 次。在施"攻苗肥"时小培土 3 厘米可促进分蘖；在施"攻蘖肥"时中培土 6 厘米能保护分蘖；在施"攻茎肥"时大培土 20～30 厘米，能抑制分蘖；部分高产蔗田还需补施"壮尾肥"并高培土，可有效防止倒伏，为翌年宿根蔗栽培奠定基础。

八、中耕除草，合理排灌

甘蔗封行后，应及时铲除杂草。人工除草与中耕松土同时进行。雨后中耕能减少土壤水分蒸发，可增产 28.8％，增糖 3.6％。用化学除草剂代替人工除草，减少耕作次数和施肥次数，使土壤少受干扰和破坏，也具有保水抗旱的效果。

甘蔗苗期需水量少，适逢雨季，低洼地块应注意排水，保持土壤湿润即可，切忌"浸泡"。伸长期是一生需水量最大的时期，土壤必须保持湿润状态。成熟期耗水量逐渐减少，应保持相对干燥，利于蔗茎糖分的积累。

九、防治虫害、鼠害

秋、冬植蔗及冬管宿根蔗开春追肥小培土和春砍宿根蔗破垄松蔸施肥时，按每公顷用量 60～75 千克施放呋喃丹或特丁灵，可预防二点螟、条螟、蔗龟和其他地下害虫。条螟防治也可在"花叶期"初期用甲胺磷 1000 倍液喷雾防治。5～7 月发现蚜虫为害时，用 40％乐果乳油对水 700 倍喷雾，或用 50％霹蚜雾 750 克对水 600 千克喷施。在生长后期，注意防治鼠害，一般用灭鼠剂拌谷，分点施放于田间诱杀。

十、适时砍收，保护蔗蔸

高糖早、中熟品种和淘汰蔗地须在 2 月中旬前砍收完毕，按照先熟先砍，即秋植—宿根—冬植—春植顺序，先砍淘汰蔗，后砍留宿根蔗。宿根性稍差的高糖品种如新台糖 1 号、10 号等适宜在 12 月 15 日前或翌年立春后砍收。因为这 2 个品种在 12 月中旬至 1 月底期间的低温阴雨天气出苗较差。砍收时宜用锋利蔗斧砍入泥 3～5 厘米，并尽量减少蔗蔸破裂，做到增收保蔸。

第五节　凉薯高产栽培技术

　　凉薯别名凉薯、沙葛、番葛、土瓜、白地瓜、新罗瓜、地萝卜等。凉薯在分类学上属豆科凉薯属，是凉薯属植物中能形成块根的栽培种，一年生或多年生草质藤本植物，原产美洲热带，属耐热性蔬菜，我国西南、华南地区和台湾省栽培较多。凉薯用种子繁殖，种豆不求得豆，而求得薯。这种"种豆得薯"的现象，在蔬菜中是绝无仅有的。凉薯营养价值高，它含大量碳水化合物，每 100 克块根含碳水化合物 7.6～11.9 克，及一些矿物质、蛋白质和维生素 B 等。凉薯的块根肥大，肉洁白脆嫩多汁，有清凉解热、消暑止渴之功效，是八九月淡季的优良保健蔬菜，有生津、解酒、降血压等食疗作用。既可当水果去皮生食，也可炒食或凉拌，还可加工制成凉薯粉。深受消费者青睐，市场前景广阔。其种子和茎叶含鱼藤酮，对人、畜有毒性，可提炼生物杀虫剂。利用其耐旱、耐瘠、栽培管理省工省本、植株很少感染病虫害等特点，在其他作物生产地的周边栽培，能阻挡病虫侵袭，起到自然生态环保型的防护作用。

一、凉薯中熟栽培技术

　　福建省屏南县甘棠乡种植凉薯历史较久，该乡平均海拔 880 米，年降水量 1800 毫米（但季节分布不匀），早晚温差大，有利于薯块的形成与膨大，生产的凉薯具有个大、皮薄、肉白、味甜多汁、脆嫩可口等特点，产品纤维含量极少，品质上乘，畅销福州、泉州及周边县市。常年种植面积达 200 千米^2，占耕地面积的 10%，每亩产 5500～6500 千克，产值 3900～4500 元，经济效益较高。

（一）品种选择

　　凉薯按块根形状分为扁圆种、扁球种、纺锤形（或圆锥形）种等；按成熟期分为早熟种、晚熟种。屏南县甘棠乡栽培的主要是早熟种，该种植株生长势中等，叶片较小，块根膨大较早，生长期较短。块根扁圆或锥形，皮薄，纤维少，一般单根质量0.4～1千克，可鲜食或炒食。品种有贵州黄平地瓜、四川遂宁地瓜、成都牧马山地瓜、台湾马来种、广西水东凉薯、广东顺德凉薯等。

（二）适宜栽培季节

凉薯幼苗生长喜温暖、湿润环境，不耐寒。发芽出苗始温为12℃，以15～20℃较为适宜。因此，屏南县播种期应于晚霜过后，地温稳定在12℃以上即可，3月下旬（春分）至9月上旬（秋分）均可收获上市，全生育期140～160天。

（三）大田栽培技术

1. 土地选择

凉薯宜选择地势开阔平坦，光照充足，排灌方便，耕层深厚，质地疏松的砂壤土、轻壤土或中壤土栽培，产品产量高、品质好。在黏壤土栽培，则块根细长，表皮粗糙，纤维多，色泽差。忌连作，忌与豆科作物、根菜类蔬菜轮作，否则，易生长不良，产量降低。

2. 精细整地，施足基肥

凉薯生育期较长，且块根膨大期处在高温多雨季节，肥料分解消耗快，对养分需求量大。因此必须施足基肥，以满足其生长发育的需要。一般基肥以腐熟农家肥、人畜粪尿为主，每亩施腐熟有机肥2～3米³或生物有机肥120～160千克加钙镁磷肥50～60千克。采用全层施肥，即撒施后翻耕入土，耙平，打碎土块，捡出石子等杂物，按畦面宽1～1.2米、长15～20米挖沟起垄做畦，畦间留排水沟，沟面宽30～40厘米，沟深25～30厘米，整细畦面，等待播种。

3. 种子处理

由于凉薯种皮坚实，发芽困难，播前最好进行种子处理，方能使发芽整齐，出苗迅速，保证齐苗均苗。做法是用20℃温水浸种4～5小时后捞起，置于25～30℃恒温箱内催芽。一般经过3～4天后，种子露白即可播种。倘若到4月中下旬播种，此时气温升高，种子只需浸种，可不必催芽。

4. 播种方法

凉薯一般都采用直播栽培，开挖播种穴有挖穴和打穴两种方法。挖穴播种，是用锄头轻挖 4～5 厘米深的播种穴，每穴播种 2 粒，种子平排于定植穴两端，注意不让其相互挤挨在一处；打穴播种，是用直径 2.5 厘米的小木棒等距离打穴，穴深 2～3 厘米，逐穴播种 1 粒。播后立即覆盖过筛净土 1～2 厘米。密度范围：株行距以 10 厘米×18 厘米或 12 厘米×18 厘米为宜。一般每亩用种量 4～5 千克，基本苗保证在 2.1 万～2.4 万株。早春播种为了提高地温和防止大雨冲刷造成种子裸露，通常播种后在畦面平铺覆盖地膜，待幼芽拱土时及时揭膜通风炼苗。另外为了节省人工除草时间，避免杂草滋生影响幼苗生长，一般于播种后 1 周（杂草萌芽后至凉薯出苗前）用 10% 草甘膦水剂 60 倍液，或 41% 草甘膦水剂 300 倍液喷洒防除 1 次，效果较好。

（四）加强田间管理

1. 肥料管理

凉薯追肥应掌握前轻、中重、后补的原则。第 1 次追肥宜在出苗后 7～10 天进行，即 2 叶 1 心或 3 叶 1 心时施用。先用小钩锄松畦中泥土，拔尽杂草，清理好沟中淤泥，每亩用 45% 硫酸钾复合肥 4～5 千克＋活性锌硼肥 2 千克或腐熟人粪尿 400～500 千克对水 2000 千克浇施，施后要及时用细孔洒水壶浇清水，以免肥液灼烧叶片。第 1 次追肥后 10～15 天进行第 2 次追肥，即主蔓 7～10 叶时追肥。本次追肥应与主蔓摘心和清除株间杂草同时进行，每亩用 45% 硫酸钾复合肥 25～30 千克＋活性锌硼肥 2 千克＋多元素高钾肥（含钾 22% 钾宝先锋）8～10 千克对水 4000 千克浇施，施后浇足清水。第 2 次追肥后隔 30～35 天，即发棵期视苗情补施 1 次肥，施肥量应灵活掌握；肥力水平高、苗势生长旺盛的地块可不再施肥。

2. 水分管理

凉薯较抗旱、耐热，适应性较强，一般气候条件下都能生长。若遇连续高温干旱，土壤过于干燥时，应于每天早晚浇水保湿，有条件的地块可实施沟灌，即灌"跑马水"效果更好。但遇多雨天气，应做好清沟排水工作。

3. 整蔓技术

当主蔓生长到 7～10 个叶节时进行摘心，以控制顶端生长，促进块根形成。摘心后生出的侧蔓选留早生强壮的 3～4 条，每条留叶 3～5 片摘除顶芽，侧蔓的留叶数随着节位的升高而递减，一般低节位侧蔓留叶 3～5 片，高节位侧蔓留叶 1～2 片。通过 3～4 次整蔓，最后株高 25～30 厘米，植株空间分布合理，受光均匀，直到后期每株保持 15～20 片功能叶向块根输送光合产物。凉薯除留种外，每节出现的花序要及时摘除，避免养分消耗，促进凉薯块根的膨大、品质优良以及保持形状完美。每次整蔓时应注意将藤蔓、落叶、花序等收拾干净，以防霉烂后引发病害。

（五）病虫害防治

1. 病害防治

凉薯的主要病害有菌核病和病毒病。菌核病发病初期用 30％环乙锌·异菌脲（灰核杀星）可湿性粉剂 800～1000 倍液、20％异菌·多菌灵悬浮剂 1500～2000 倍液或 40％菌核净可湿性粉剂 1000 倍液喷雾。病毒病可用 20％吗胍乙酸铜可湿性粉剂 800～1000 倍液、1.6％胺鲜酯水剂 2000 倍液或 1.45％病毒必克 500 倍液喷雾。

2. 虫害防治

为害凉薯叶片的主要害虫有斜纹夜蛾、甘蓝夜蛾、小菜蛾和豆卷叶螟等，可于低龄幼虫期用 20％氯虫苯甲酰胺悬浮剂 3000～5000 倍液、虫螨腈（除尽）1500 倍液喷杀。为害凉薯块根的地下害虫有蛴螬、地老虎、蝼蛄、蚯蚓等，可分别于发棵期（主蔓摘心后）和结薯期（块根膨大初期）用 50％辛硫磷乳油 500 倍液或 40％毒死蜱乳油 800～1000 倍液灌根 2 次。

二、北方凉薯晚熟栽培技术

凉薯在北方栽培已有 10 多年历史，已探索出一套高产栽培管理技术。以河北省晋州市为例，为调整种植结构，调配蔬菜品种，提高经济效益，早在 1998 年晋州市从四川引入凉薯（地瓜一号），1999~2001 年在 4 个乡镇、12 个村进行不同方式的试验示范，采用地膜覆盖一茬栽培，平均亩产 3500~4000 千克，搭架栽培的亩产达 5000 千克以上。北方凉薯大棚栽培技术要点如下。

（一）品种选择

凉薯品种按其块根形状分为扁圆、扁球、纺锤或圆锥形等。按成熟早晚分为早熟种、中熟种和晚熟种三类。试验选用晚熟种。晚熟种植株长势强，生长期长，150~180 天，块根成熟较迟。块根扁纺锤形或圆锥形，皮较厚，纤维多，淀粉含量高，水分较少，单根重 1.0~1.5 千克，大者可达 5 千克。适于加工制粉。

（二）播种育苗

凉薯应选土层深厚、排水良好、保水保肥力强的沙壤土为宜。凉薯种子坚硬，干籽播种发芽慢而不整齐，生产上多催芽播种。催芽时先将种子浸 10~12h，吸水膨胀后放在 25~28℃的温箱中催芽，每天取出漂洗一次，经 4~5 天选已萌芽的种子播种，分 2~3 次播完。5 月上旬播种，苗长高 10 厘米时进行移植。

（三）栽培管理

采用绳索支架栽培方式，即上边拉电线作主架，系上包装绳下垂作牵引架。架高 2 米左右。田间管理有间苗、补苗、追肥、中耕、支架、引蔓、打杈、摘心、打花等工作。为集中养分及早促使块根肥大，在主蔓 18~24 叶时摘心，并随时摘去花序。

1. 种苗、补苗

种植株距为 30 厘米，有死苗补苗要及时，选择阴天，苗带土团移栽。苗期要及时松土除草和追肥，每松一次土后，浇一次人粪尿，促其早发，称为催苗肥，

2. 中耕、培垄

5 月下旬当苗高 7~8 厘米时揭去地膜，进行浇水追肥。待土表稍干，即进行中耕松土保墒。结合中耕进行锄草、培垄。将行

间土分 2 次培到株间，使成小高垄，垄高 15～18 厘米。待上架后停止中耕培土。

3. 植株调整

苗高 15 厘米时，人工引蔓上架。生长期及时摘除侧蔓及花蕾、花序，以节省养分，促进块根膨大。当植株长至 20 节左右，主蔓爬到架顶时，摘心，控制顶端生长，促进块根形成。

4. 浇水、追肥

保持土壤见干见湿，每 5～7 天浇一次水。地上部出现花序后，块薯进入膨大期，应增加浇水，保持地面湿润，每 3～5 天浇一次水。

5. 病虫害防治

凉薯病虫害较少，主要是小白蛾，可用吡虫啉 1000 倍液或扑虱灵 1000 倍液喷雾。块根膨大后期应控制水分防止腐烂。锈病主要为害叶片，发病初期及时喷洒 15％三唑酮可湿性粉剂 1500 倍液，或 40％多硫悬浮剂 400 倍液，或 50％硫磺悬浮剂 300 倍液，或 75％百菌清可湿性粉剂 600 倍液，隔 7～10 天 1 次，连防 2～3 次。

（四）采收

凉薯经过 8 个月的栽培，到 1 月下旬，凉薯块根充分膨大时，应及时采收。

第六节　马蹄高产栽培技术

马蹄又称荸荠，地粟属莎草科，多年生浅水草本植物，原产我国及印度，在我国主要分布在长江以南各省。马蹄主要以地下球茎为食用部分，营养丰富，以含碳水化合物为主及蛋白质、脂肪、粗纤维多种矿物质和维生素。是一种果菜兼用型水果，既可鲜食又可深加工成马蹄罐头、马蹄粉、马蹄糕等系列产品。在医学上有清热，利尿，降压之功效。

马蹄的种植按季节可分成旱水马蹄、伏水马蹄和晚水马蹄。长江以南地区都以种植晚水马蹄为主。晚水马蹄在大暑到立秋定植。各地马蹄的种植由于品种、气候、地质和栽培方法的差异，产量差距很大，一般亩产在 2000 ～5000 千克之间。

一、荸荠大粒高产栽培技术

（一）选好田块，防止连作

荸荠对土壤要求并不严格，都能适应生长，但若要产品商品性好，高产稳产，最好选择在 pH 值中性偏酸、土壤肥沃、排灌畅通、耕层深厚的乌泥田或青紫泥田。绝对不能连作种植，实行 2～3 年间隔轮作，减少病害对产量的影响。为便于统一管理，提高栽培技术到位率，宜提倡连片种植，划片轮作，创造最大管理效益。

（二）适期播种，培育壮秧

育苗质量的优劣直接影响到大田定植后的生长状况，特别是对根系、分蘖的影响。因此，要达到高产、大粒的目的，培育适龄壮秧是栽培技术的关键环节。

1. 播种时间

根据试验，一般从 6 月 15～20 日为最佳时间，秧龄以 40～45 天为最适宜。

2. 育秧方式

河底淤泥方格育苗为佳。具体方法：

（1）配好营养土

精选河底淤泥，每吨拌入 40％三元复合肥 5 千克，铺成 7～10 厘米厚的土层。待沥干清水，泥层形成后，再划成 6～7 厘米见方的小方格。

（2）选好种子

选择球茎大，主侧芽健壮的荸荠作为种子。准备每亩 2500～3500 枚为宜。

（3）播种

在播种前用 1000 倍浸种灵水溶液浸种 10～24 小时。沥干后，每粒荸荠种子，按实于方格淤泥中。播种深度以淤泥盖除荸荠露出顶侧芽为标准。上覆盖凉帘，保持营养土湿润，以利于出苗。

3. 秧苗管理

关键措施是光照强度管理和水分管理。播种后由于温度较高，光照强度较大。因此，在前期注意遮阴，减少土壤水分蒸腾，利于出苗；出苗后，着重加强水分管理，以灌溉湿润为主，既能保持土壤的一定通透性，促进根系健壮发育，又能保证秧苗生长发育所需的水分供应。同时要注意基腐病、枯萎病、叶枯病等病虫发生。

（三）提前移栽，合理密植

若在南方前茬作物为早稻，7 月 25 日前移栽为最好。移栽密度与移栽时间相关。7 月 25 日前移栽密度为 50 厘米×50 厘米为主，7 月 25～30 日前移栽密度为 50 厘米×40 厘米为宜。过迟移栽不利于生长发育。移栽深度为 3～4 厘米为宜。以早晨、傍晚移栽。

（四）科学管理、肥水协调

（1）平衡施肥

稳健生长大田基肥，在土壤肥力较强田块。一般亩施腐熟有机肥 1～1.5 吨。碳铵 40 千克，14%过磷酸钙 30 千克。移栽活棵后，结合中耕除草，施入尿素 12 千克，氯化钾 7.5 千克，保持水分 3～5 天。8 月 25～31 日，撒施 40%三元复合肥 25 千克＋尿素 5～10 千克。开花结籽时，喷施磷酸二氢钾 2～3 次。

（2）早除、勤除杂草

在夏季杂草生长速度快，而荸荠种植密度又稀，竞争中处于劣势，因此杂草防治亦很重要。荸荠对绝大多数除草剂敏感，所以只能人工除草。在活棵后到分蘖前期，行间实行耘田除草 2～3 次，结合施肥，既可以达到除草的目的又可以达到增加土壤通透性，提高肥料利用率的目的。

（3）科学灌水

为保证高产稳产，灌溉技术是关键技术之一。大田移栽时正是高温季节。缺水使地表温度高而灼伤幼苗。故应及时灌水，以

竹狸高效养殖与加工利用一学就会

5~6厘米为宜。活棵后至8月25日，始终保持水层2~3厘米。选择阴天或气温较低时抢时歇田，8月25日~9月20日，以干湿交替、湿润灌溉为主。促进根系纵横生长及分蘖生长。9月底后，要注意寒潮的来临。寒潮来时要灌水，过后及时排水。球茎膨大期，保持4~5厘米水层，促进球茎膨大。收获前20天（霜降左右）停止灌水。使叶片开始转黄，促进光合物质向球茎传输，提高甜味。

（4）病虫综合防治

荸荠主要病虫害有茎腐病、枯萎病、小球菌核病、纹枯病、螟虫等。

① 枯萎病、茎腐病立足于防：一是不能连作生产，田块要间隔2~3年轮作；二是种处理：用1000~1500倍浸种灵浸12~24小时。当发病症状出现后，可选用米大生、70%代森锰锌、三酮等交替使用。

② 纹枯病及菌核病：用5%井冈霉素2000倍喷施。

③ 防治螟虫可选用高效低毒农药：5%锐劲特30克，加水75千克喷施。

二、荔浦马蹄高产栽培技术

马蹄为广西荔浦县传统名特优产品，自从2003年推广马蹄组培苗品种以来，马蹄面积由原来的5万亩扩大到2008年的7.5万亩，组培苗面积占种植面积的50%以上，种植的品种主要是广西农科院生物研究所组培而成的桂蹄一号，该品种表现为植株生长势强、种苗不带病毒、抗逆性好、大果率高、产量高、品质优的优点。通过试验测产验收，平均亩产量可达3233.5千克，大个率64.8%，比常规品种增产38.6%，大个率提高32个百分点，深受广大种植户的欢迎。现将马蹄组培苗高产栽培技术介绍下。

（一）马蹄组培苗的秧苗繁殖

1. 秧田的准备

组培苗幼苗较弱、矮小，不能直接用于大田生产，必须经过二段育苗移植，培育多分蘖的壮苗才能移到大田。秧田最好选择前茬种植水稻或其他作物的田块，且平坦、肥沃、排灌方便的水田，每亩大田秧苗需一段秧田 1 米^2，二段秧田 33 米^2，育苗前秧田结合整地消毒施足基肥，按每平方米施腐熟农家肥 7.5 千克，即每亩 5000 千克，过磷酸钙 0.1 千克（75 千克/亩），石灰 0.15 千克（100 千克/亩）混合犁耙，使土壤成泥糊状，沤制一段时间待插。插前捡出或用茶麸杀灭福寿螺。

2. 育苗时间和方法

组培苗一般在 5 月上旬开始育苗，每亩大田用小苗 200 株。

一段育苗：一段秧田要分厢开沟，组培苗从培养袋取出后用清水冲洗干净，即可直接插植到一段田里。种植规格为 7 厘米×7 厘米，每平方米育苗 200 株。插后要及时插竹片搭小拱棚盖薄膜和遮阳网遮阳避雨，即雨天、阴凉天和晚上盖薄膜，晴天盖遮阳网，当秧苗生长成活后 7～10 天方可拆去小拱棚。

二段育苗：当秧苗长到 15～20 天，苗高 10 厘米时带土移苗到二段田，种植规格为 40 厘米×40 厘米，尽量浅插。

3. 秧田肥水管理　一段田插植后以湿润为主，干湿交替，有利于组培苗发根。二段田植株分蘖时以浅水 2～3 厘米为宜，以后随着植株生长加快，逐步回水 3～4 厘米。组培苗移栽 7～10 天，当幼苗返青后，每平方米施腐熟稀薄粪水 2.5 千克，二段田移栽 10 天后，每 33 米^2 施复合肥 0.75 千克、尿素 0.5 千克，隔 10～15 天施一次，移栽前 10 天停止施肥炼苗。在育苗过程中注意防治杆枯病和白粉病，可用丙环唑、戊唑醇，每隔 10 天喷一次，移植一周前喷一次送嫁药，防治白螟可用杀虫双颗粒剂撒施闷杀。

4. 种植组培苗应注意的两个问题

（1）选择一代组培苗种植

一代组培苗能保持它的品种特性和优势，而二代组培苗有可能出现变异和分离，即使是种植二代组培苗，也必须用大个的球茎进行分株发根种植，绝不能用二代小个球茎种植。

（2）严格除杂去劣

大批量生产马蹄组培苗，难免产生个别的变异苗，因此，为了进一步保证组培苗的优良品质，必须严格去除变异组培苗。因此在二段苗培育阶段应定期认真做好去除变异苗的工作，否则插到大田后会出现叶状茎矮化、细弱发黄，叶尖枯萎，呈现早衰，结果多，个小，质劣的现象。

马蹄组培苗产生变异苗的症状：叶状茎呈现淡绿色，矮小细弱，分株能力强，成丛状分株，围绕母株分株数多。

（二）定植

1. 大田准备

马蹄田宜选择肥沃疏松、底土坚实、耕层浅、排灌方便的水田种植。在前作收获后及时整地，两犁两耙后施入基肥，每亩混合施用腐熟猪牛栏粪 2500 千克或鸡粪 500 千克，磷肥 50 千克，锌硼肥 3 千克或持力硼 0.4 千克，复合肥 25 千克。耙平后使土松软平整。

2. 起苗

将马蹄苗小心拨起，尽量不损伤植株和根茎。如果秧苗过长，可切去上部茎叶，留基部 30～40 厘米，并要当天起苗当天种植，选择在阴天或晴天的下午进行。

3. 定植

定植的时间一般在 7 月中旬至 8 月立秋，定植越早越有利于多分株、多结荸、结大荸。插植的密度和深浅根据定植的迟早和土壤深浅、肥力决定，若定植早、土层浅、田土肥，应稀植，株行距为 40 厘米×43 厘米，亩栽 4000 株，入土 8～10 厘米；反之，则应密植浅插，株行距为 33 厘米×40 厘米，亩栽 5000 株，入土 6～8 厘米。插植时，要顺手将根旁泥土抹平，插完后回一层定根浅水促进成活。

（三）田间管理

1. 追肥

追肥应掌握"前稳、中控、后攻"的原则，根据不同时期的生长发育进行施肥：

①分蘖肥　定植后 10 天，每亩用复合肥 15 千克或尿素 7.5 千克，硫酸钾 7.5 千克点蔸。

②分株肥　插后 20 天结合除草每亩用复合肥 20 千克或尿素 10 千克，硫酸钾 10 千克。

③壮苗肥　9 月初，每亩施入硫酸钾复合肥 25 千克、腐熟麸肥 75～100 千克。

④结荠肥　9 月 20 日左右，亩施硫酸钾复合肥 30～50 千克。

⑤球茎膨大肥　10 月初，每亩施硫酸钾复合肥 30～50 千克。施肥应结合管水进行，且根据不同的泥土酌情施肥，沙泥田应少施多次，大土泥田可多施。

2. 管水

马蹄的灌水应根据各生长期及施肥的不同而稍有区别，前期分蘖分株期要求浅水灌溉，保持 2～3 厘米水层，中后期结荠膨大及施肥应淹深水 5～7 厘米，在施分株肥和结荠肥前可采取短期脱水露田，露田的标准是：用手按有印而不沾泥，待有细裂缝时应立即灌深水，两天后再施肥。后期停止施肥后 15 天，应经常灌跑马水，水层降到 2～3 厘米，当马蹄苗自然干枯死亡应放干水，保持土壤湿润即可。

3. 病虫害防治

危害马蹄的病害主要有杆枯病、白粉病、枯萎病；虫害主要有白螟。

（1）杆枯病的防治

该病在头年有病的重种田块，偏施氮肥、密植的田块，高温高湿的条件下容易流行。一般 8 月中旬开始发病，9 月中、下旬进入高峰期。由于该病容易随风、雨、水蔓延传播，因此，对该病的防治以预防为主，插后 20 天开始用药，隔 10～15 天用药一次，直到发病高峰期过后停止，注意雨前、雨后用药保护。药剂可选用丙环唑、戊唑醇、苯醚甲环唑、氟硅唑等交替使用。

（2）白粉病的防治

该病容易与秆枯病伴随而生，特别是在高温高湿的条件下缺钾的田块容易发生，防治方法与用药可与秆枯病相同外，药物还可用三唑酮、腈菌唑、扑海因等进行防治。

（3）枯萎病的防治

枯萎病主要表现症状为青枯死苗，从种到收均可发生为害，头年发生过该病的重种田块容易发生。对该病的防治应以预防为主，一是选择组培苗品种；二是土壤消毒：大田翻耕时，每亩施生石灰 50～75 千克或用敌克松 3 千克对 20 倍细土撒施；三是发病期，选用噁·甲水＋多元素叶面肥＋芸苔素或用复酚硝酸钠＋扑海因进行防治。

（4）马蹄红尾病的防治

马蹄红尾为生理性病害，症状为荸荠管状叶出现红尾不干苗或只干顶端一小节管状叶，主要出现在种植多年的田块，由于缺少硼、锌等微量元素和有机质而引起。出现该症状的田块应多施农家肥和生物有机肥，结合防病喷施叶面肥，如金甲朋、速乐硼、康朴多元螯合微肥等微量元素肥加腐殖酸叶面肥喷施。

（5）马蹄花心的防治

主要施用了井冈霉素或施用了含有井冈霉素的复配药肥而引起花心。防止方法：购买农药肥料时，不要用药肥合一、不明成分、不明含量的复混药肥，更不能用井冈霉素或含有井冈霉素的复配药肥。

第七章
竹狸的选种与繁殖

目前各地饲养的银星竹狸，个体大小与繁殖率高低差异很大。成年竹狸有的体重超过 2 千克，有的不到 1 千克；母狸有的年产 3～4 胎，每胎 3～4 只，个别高产的达 6～7 只，而有的年产仅 1～2 胎，每胎 1～3 只。通常种狸个体越大，繁殖率越低。看来选择具有相当体重而年产胎数多、每胎产仔多的母狸作种，是获得高产的关键。

第一节　竹狸的选种选配

一、优良种狸的基本条件

（一）种公狸的选择

优良种公狸必须种性特征明显，腰背平直，身体强健，体态丰满，毛光油亮，眼睛明亮有神，皮肤无疥癣、肢形正、睾丸显露、对称、大小一致、阴茎明显、性欲旺盛。体型中等肥瘦。耐粗饲，不打斗，成年个体重 1.6 千克以上。

（二）种母狸的选择

优良种母狸必须种性特征明显，体态丰满，毛光油亮，性情温顺，不挑食，采食能力强，检查时不惊、外阴发育正常、产仔多、会带仔、乳房丰满、乳头突出、泌乳能力强。体型中等肥瘦。成年个体重 1.4 千克以上。性情暴躁的母狸不宜留种。

（三）如何在繁殖场内选种

要观察繁殖能力，要选择早熟、高产、个体大、无病史的公狸母狸的后代作种。

二、选配方法

（一）近亲三代的公母不能选配

（二）繁殖后代做种狸

公母比例按 1 公 1 母配对或 1 公 2 母配组。

（三）繁殖后代做商品狸

公母比例按 1 公 3 母或 1 公 4 母配组。

（四）优选配对

因目前种狸比较缺乏，自然搭配很难配组，只能先按 1 公 1 母配对，待引种后通过繁殖，去劣留优，逐步按用途实现上述配对配组目标，建立起高产的优良种群。

（五）选择杂交竹狸

杂交竹狸生长发育良好的，多数可作种繁殖，但在留种后要观察其后代的表现，主要看繁殖性能与体重。如后代繁殖率高（第三胎以后每胎产仔 4 只以上），后代生长发育良好（成熟时能超过其父狸母狸平均体重），则可作种。

 ## 第二节　竹狸的繁殖

一、繁殖特征

（一）性成熟

一般公狸母狸早熟品种 4～4.5 月龄，晚熟品种 8～9 月龄才发情。一般在 6～7 月龄发情 8～9 月龄才发情。

（二）母狸性周期

母狸性周期为 15～20 天。

（三）发情持续时间

母狸发情持续时间为 2～3 天。发情中期后配种易怀孕。

（四）妊娠期

母狸妊娠期早熟品 42～48 天，晚熟品种 56～68 天，怀仔数为 3～5 只，多的可达 6～7 只。

（五）判断交配成功

母狸发情交配后，阴道口有明胶样的混合物，根据这种栓塞物的有无，可以判断母狸是否交配成功。

（六）妊娠期管理

母狸妊娠期间，除了提高饲料的数量和质量外，场地要保持安静、清洁，闲杂人员不能随意出入。妊娠后期要在笼内放置干草，让母狸营巢准备分娩。

（七）仔狸哺乳期

夏季为 30 天，冬季为 35 天。人工饲养母狸哺乳 25 天提前结束，公母须分开喂养。改为人工哺乳的至 35 天断奶。

（八）种狸利用年限

3～4 年。

二、竹狸的自然繁殖

（一）发情配种

银星竹狸常年都可以发情，但具有一定的周期性和季节性。春、秋为配种旺季，夏、冬如饲养管理好，也能正常发情和配种。每个发情季节有 2～4 个发情周期，其间隔为 15～20 天，发情期为 2～3 天。发情的母狸，前期阴毛逐渐分开，阴户肿胀，光滑圆润，呈粉红色；中期阴毛向两侧倒伏，阴门肿得更大，有的阴唇外翻、

竹狸高效养殖与加工利用一学就会

湿润（黏液多），呈粉红色或潮红色；后期外阴肿胀与前期相似，但有的母狸阴户有小皱纹，微干燥，呈粉红色。发情母狸活动频繁，常发出"咕、咕"叫声，排尿次数增多，与陌生的公狸相遇无反抗表现，在池里兴奋周旋。当公狸爬跨交配时，母狸尾巴翘起，趴下不动，温顺接受交配，遇到不活跃的公狸还主动戏弄"调情"。发情母狸在一天内与公狸进行多次交配，可以提高繁殖率。

（二）分娩与哺乳

竹狸怀孕期为 49～68 天。产前一周，乳头突出，食欲减少，常趴卧不动。产前 1～2 天躁动不安，有腹痛表现，进食完全停止，发出"咕、咕"叫声，后腿弯蹲如排粪状，并叼草做窝。如公母合在一起养的，母狸会将公狸赶出窝外，双方出现撕打现象。当母狸奶头可挤出少量白色乳汁时，预示 1 天之内就要分娩，临产时阴户排出紫红色或粉红色的羊水和污血，胎儿头部先出，然后是身体。产仔完毕，母狸咬断脐带，并吃掉胎盘，舔干仔狸身上的羊水。每胎产仔数，初产至第三胎，多为每胎 1～2 只，少数每胎 2～3 只；第四胎后，进入正常产仔数，一般为 2～4 只，高产的 5～6 只，少数 7 只。产程需 1.5～4 小时，最长产程可达 6 小时。

初生仔狸全身无毛，两眼紧闭，体重仅 7～20 克，体长 6～8 厘米。3 天后全身长出黑毛，身体颜色由粉红变淡灰色。一周后才睁开眼睛，15 日龄学采食。30～35 日龄可断奶，最多不要超过 40 日龄。断奶时仔狸体重为 150～250 克，最重可达 300 克。1 胎产仔越多，断奶体重越轻，产仔越少，断奶体重越重。自然繁殖的银星竹狸早的 6～7 月龄，迟的 9～10 月龄达到性成熟，可以配种繁殖。

三、竹狸人工繁殖技术

（一）优化竹狸的配对配组技术

购买时如母狸不足，可安排公母配对。自繁自养竹狸，母狸多了可以配组。配对，可由不同窝的公母狸配合；配组，可由1公2母或1公3母配成一组，也可多达1公4母。母狸可以是同一窝产的，也可以是不同窝产的；公狸则必须是不同窝产的。在选配时，除按上述良种条件要求外，还要注意公狸母狸之间的亲和力。公母合养7天后，仍出现打斗或多次发情配不上种，则说明该组合公母亲和力差，不宜配对配组。还有一种情况是，虽然能配上种，但连续几胎都是产1～2只仔，这也说明配对配组不理想，必须拆散重新配。配对配组在购买种狸时很难进行，待引种回场后就要加强观察，第一步是先配好对，第二步再配好组，这样才能获得较好的繁殖效果。竹狸的记忆力极强，基本上是一夫一妻制，一旦配成对繁殖后，便很难拆散重新配组。所以不论配对还是配组，必须从小合群时就作出妥善安排。

竹狸常见的配组方法有四种：1公1母配对；1公2母配组；1公3母以上配组，大池公母群配或轮配。1公1母配对，便于做详细繁殖记录，有利于保持纯种，选育良种多采用这种方法。1公2母或1公3母以上配组，能提高种公狸的利用率，可用于繁殖商品种狸或商品肉狸。少量自繁自养的，要定期与其他专业户交换种公母狸，以避免近亲繁殖。大池公母群配或轮配，因配种无法做详细个体记录，其后代只能作为商品肉狸。单独关养的两只公母狸，形成固定配对以后，如果其中一只死亡，另一只需重新配对，这时必须先将丧偶种狸于黄昏时放到大池里与许多种狸合群饲养，观察15～30分钟，发现打斗即予隔开，停一段时间再将丧偶种狸放进去。如此往往需反复2～3次，才会停止打斗。待合群生活5～7天，群养习惯后，才可从中随意挑选出1公1母配成对，双双放到小池里单独圈养。

（二）公狸母狸正确配种

成年公狸母狸白天大多躲在洞中，晚上才出来活动，其发情特征很难观察。因此，交配时机的掌握只能从饲养日龄和产仔后的时间来推算。

从未产仔的母狸，公母从小混合群养的，可让它们自由选择交配，发现怀孕后再将怀孕母狸隔开单独饲养。已产过仔的母狸30～35天断奶后，将母狸转移到大池与其他公母狸合群饲养，或分隔出来与原配公狸单独饲养。营养条件好的，断奶时间也正好是母狸发情时间，公母合群2～3天后就能配上种。如果发现将要断奶的母狸咬仔，而饲料又不缺乏，则表明母狸提前发情，须及时将母狸隔离，让公狸及时与它配种。

过去书上介绍有移植其他狸类和小草食动物来繁殖的"血配"法，经过多年试验，从来没有成功的记录。所以，竹狸繁殖不要再搞"血配"了。

（三）母狸怀孕鉴别

竹狸喜欢躲在洞穴生活，母狸是否怀孕较难观察。根据经验，判断竹狸怀孕方法有三种。

1. 公狸母狸合笼交配后5～7天进行检查

如母狸奶头周围的毛外翻，奶头显露，说明已经怀孕。

2. 按公母狸合群饲养的时间来推算

如果公母合笼1个月后，母狸采食量比平时增加，腹部两侧增大一手指宽，而且吃饱就睡，便可判断母狸已经怀孕。

3. 配种1个月后，将母狸倒提起来察看

如两后腿内侧腹股沟胀满则为怀孕；如果将刚吃饱的母狸倒提起来，只见腹胀，而后腿内侧的腹股沟不胀满，则不是怀孕。

（四）提高繁殖率与成活率的关键措施

1. 提高竹狸繁殖率应抓好三条措施

（1）选择好母狸

选择产仔多的母狸的后代作种。

（2）调节好营养

使公母狸保持中等体形，不过肥也不偏瘦。

（3）实行重配和复配

在母狸的一个发情期内，在原配组群养池中采用同1只公狸对发情母狸在相隔12小时内，进行2次交配，称为重配；在同一个发情期内，在原配组群养池中采用发情母狸在相隔 12 小时内，与两只公狸进行交配，这种方法称为复配。重配可提高受胎率；复配是提高产仔数。只有实行重配和复配，1 胎产仔数才可能达到 5～6 只。

2. 提高仔狸成活率也应抓好四条措施

（1）母狸必须具有优良品质

即驯食容易、不挑食、食欲旺盛、会衔草做窝、护仔性较强、奶头多而大、会把粪便及食物残渣推出窝外等。

（2）营造良好的产仔环境

通常是秋、冬产仔成活率较高，但春、夏如能提供良好的生活环境，也能获得高产，甚至在酷暑天气（气温 34～36℃），给竹狸补喂中草药等清凉消暑饲料，即使母狸一胎产仔 4～5 个，亦能全部成活。

（3）保障营养

在怀孕后期和产仔哺乳期提供丰富的营养。

（4）适时补料和断奶

产仔后要根据母狸的食欲掌握投料量，适当增加精料。产仔 15 天后，仔鼠已学会采食，要加大鲜嫩、多汁饲料和精料的投喂量。仔狸宜在 30～35 日龄断奶。

（五）母狸产仔前后的护理

多数怀孕母狸产前一周就少吃多睡，产前 1～2 天会自动衔草垫窝，产前 1 天停吃，鸣叫不安，公母合笼饲养的，母狸会将公狸赶出窝室。母狸产前阴户肿胀、潮红，奶头比平时增大 1 倍，能挤出少量奶汁时，预示半天之内就要产仔。根据上述特征，要及时做好下列安全产仔的准备工作。

① 公母狸合笼的，发现公母打斗要立即分开，并更换清洁干净的窝草。如果是小池饲养，产室上面要临时加盖，让母狸处于安静黑暗的环境中产仔。

② 要给母狸添喂多汁饲料，防止产后口渴而咬仔。在产前 10 天及整个哺乳期都要给母狸补喂多汁饲料，使母狸有丰富的奶水。

③ 产后切勿往产室内投饲料，以免惊动仔狸和母狸，也不要随便揭开笼盖观看仔狸，要尽量保持安静，否则母狸受到惊扰会咬吃仔狸。

④ 产室在哺乳期内不必打扫卫生，母狸会自动把室内的粪便和食物残渣推出窝外，直到幼狸 30～35 日龄断奶后，才进行 1 次清洁大扫除。

⑤ 产仔 15 天后，要对母狸补喂营养丰富的精料和鲜嫩竹枝。一胎产仔多的，夏季应防暑降温，冬季则在投料处添放切短的干草，让母狸衔进窝内保暖。

⑥ 断奶时须将母狸移开，让仔狸留在原窝生活 10～15 天。如果在 30 日龄断奶，因仔狸个体小，体质差，每天应给仔狸补喂牛奶 1～2 次，每次 0.5～1 毫升。

（六）仔狸人工哺乳

产仔后如母狸意外死亡，或母狸一胎产仔过多（5 个以上）而母狸奶水少，因母狸缺奶导致仔狸生长迟缓，均需要进行人工哺乳，才能保证仔狸健康成长。人工哺乳的方法是：用牛奶或奶粉对米汤加白糖装进奶瓶，将小胶管一端插入奶瓶中，另一端放到幼狸嘴里，幼狸就会吸吮，每天喂 5 次，每次每只哺喂乳汁 1～1.5 毫升。20 日龄后，幼鼠能采食配合饲料和鲜嫩的粗饲料，就可以减少喂奶次数，30～35 日龄就可断奶。少量人工哺乳时可用去掉针头的注射器吸取奶汁缓慢注入仔鼠口中。

（七）防止母狸咬仔、吃仔、弃仔

母狸咬仔、吃仔、弃仔，大多发生在产后 48 小时，原因多样，可根据具体情况采取相应措施。

① 母狸奶头小，奶水不足，仔狸在母狸腹下乱吸乱拱，吵闹不停，母狸烦躁不安会吼叫一声，便咬吃仔狸。防止方法：在引种时选择乳房大且均匀的母狸作种。

② 气温过高或过低。防止方法：选择阴凉干燥处建造笼舍，以地下室、岩洞最佳。产室温度保持 8～28℃。

③ 产后受惊。防止方法：产仔时尽量保持环境安静，管理人员不能在旁边观看，更不能用手去摸或用木棍扒弄仔狸。

④ 母狸受伤，疼痛不安也会咬仔、吃仔。防止方法：将怀孕母狸隔离单养，避免打架，发现受伤及时治疗。

⑤ 产仔笼通风不良。防止方法：经常检查，母狸将粪便与垫草推到洞口后要及时清除，保持产室良好的通风透气。

⑥ 临产期投料不足，特别是多汁饲料缺乏，母狸分娩时体力消耗大，流血失水多，口渴至极，就会吃仔。防止方法：投喂足够的食物，特别是保证有相当数量的多汁饲料，保证营养及水分充足。

⑦ 母狸缺乏矿物质元素，遂吃仔以补充。防止方法：将骨粉、微量元素添加剂及多种维生素拌在精料中投喂。

⑧ 母狸哺乳期间人为干扰会引起母狸吃仔。防止方法：哺乳狸池用竹垫或木板盖住不让外人观看，晚上投料尽量不惊扰母狸。

⑨ 母狸产仔多，奶头少。处理方法：利用将母狸捉出放到公狸池配种的机会，将多余仔狸隔开。拿仔狸时，要戴医用乳胶手套，防止仔狸粘上人汗气味。每只母狸最多哺乳6个幼仔，多余的应拿到其他窝室实行代哺乳，但并窝饲养的两窝仔龄相差应在5天以内。如无法并窝，分离出来的幼狸要进行人工哺乳。

 ## 第三节　优选高产种群

一、引进良种后不断选育高产种群

现在农村养殖的竹狸由于长期早配、近亲繁殖和营养不良，造成竹狸个体一代比一代小，种群严重退化。而且杂毛、出现严重的返祖。这是当前竹狸生产的主要矛盾和迫切需要解决的问题。所以，引进良种后必须坚持"三分引种，七分选育"，要不断地选育高产种群。

在优良种群中个体的生产能力是有差别的。从它们中间优中选优，就会获得产量更高、生产性能更好的种群。

二、具体抓好体重和繁殖率选育

（一）体重选育

对现有能繁殖种狸进行一次盘点，将体重 1400 克以上的划入核心种群。将体重 1100 克以下的，从低到高每年淘汰 20％，同时，淘汰 1 对就从核心种群繁殖的后代中选出 2 对补充。经过连续 3 年淘汰和补充，所有能繁殖的种狸体重均在 1400 克以上。

（二）繁殖率选育

将那些体重在 1400 克以上，年繁殖 4 胎以上，每胎成活 4 个仔以上的划入核心种群，将年繁殖低于 4 胎，每胎成活 4 个仔以下的，从低到高每年淘汰 20％；同时，淘汰 1 对就从核心种群繁殖的后代中选出 2 对补充。经过二次选育高产种群，竹狸种群生产性能可在原来的基础上提高 30％～50％。

 # 第四节　培育核心种群关键技术

二次选育高产种群，只是解决提高产量，并没有解决品种退化。只有在大的竹狸养殖场里建立核心种群，强化定向培育，代代增加体重，才能从根本上解决品种退化这一难题。核心种群的任务是为广大商品竹狸场提供 1250～2000 克体重的大种竹狸父母代种苗。

一、建立核心种群必须具备 5 个条件

（一）有足够的种狸数量

最低要求存笼种狸 300 对（或 1 公 2 母 100 组）。按 3％的数量建立核心种群就是 30 对（或 1 公 2 母 10 组）。这个数字便于优

选、观察和记录。

（二）入选种狸体重要达标

入选种狸每只体重 1250 克。这是最低的要求，以后要逐年提高，用 1 年半到 2 年时间要求达到 1750 克。

（三）核心种群场地建设好

建设好核心种群场地，在养殖池上编号。一般不安排立体笼养，因为不方便观察和记录。

（四）公母种狸分别来自不同的群

第一批选 10 个种场作为公母种狸交换对象。也就是建立 10 个核心种群示范选育基地场，成立领导小组，统一安排交换种狸。

（五）核心种群饲养员要合格

核心种群每群配备饲养员 2 人，经过上岗培训，取得合格证才能上岗。

二、核心种群系谱建立

（一）四个固定

固定专人，固定场地，固定池号，固定饲养标准。

（二）按核心群祖代要求建立系谱

以后的从核心种群场出售的种狸，能查到 5 代以上亲本的生产性状。

（三）公母分开

公母要分开放到有编号的小池饲养。从养殖池编号记录代表种狸编号。

（四）定向选育测重记录

1. 仔狸生长速度测定

初生日龄、断奶日龄、25 日龄、35 日龄、2 月龄、3 月龄、4 月龄期都测体重，共测重 7 次。

2. 种狸优良性状测定

产仔、发病、死亡、出笼情况。

（五）活动安排

每周安排有序运动 1 次。轮流进运动场，有序而不乱。

三、繁殖种狸半年进行一次评分

（一）场与场之间交换种狸

防止近亲繁殖。

（二）公、母狸成熟才配种

母狸 150 天，公狸 180 天，完全体成熟才配种繁殖。

（三）只用重配，不用复配

保持种狸血统纯度。

（四）营养要求

平时保持营养平衡，使公、母狸中等肥瘦，但公狸配种期、母狸怀孕期要增加 20％的营养。

（五）评价打分

种狸半年进行 1 次优劣评价打分。

四、核心群种狸的更新、退出与淘汰

（一）核心群种狸的更新

需在 10 个核心群种场内进行，需要互相交换繁殖的后代（或是购进），使祖代种群得到远缘杂交的机会，从根本上避免了五代以内的近亲繁殖。

（二）本场商品种狸扩大

靠本场的核心群种狸自己繁殖补充。

（三）核心群种狸的淘汰

核心群种狸及其后代患病医好后立即淘汰，作为商品狸处理。

（四）核心群种狸的退出

核心群种狸连续 3 窝，产仔均未有 4 只的，退出转入商品种群，使用 1 年后淘汰，作为商品狸处理。

核心群种狸高产繁殖 1 年半后，退出转入商品种群，使用 1 年后淘汰，作为商品狸处理。

五、建立健全核心种群档案

建立核心种群档案，是搞好育种，繁殖和饲养管理工作不可缺少的科学依据。种狸档案资料，主要是由日常管理记载来提供，在管理过程中，可以采用在笼、池箱上编号码，分区、分组、编号饲养。这是一项非常细致的工作，必须有专人管理。现介绍几种常用记录表格供参考。见表 7-1～表 7-5。

表 7-1　种公狸卡

品种	池号笼箱号	出生日期	初生重	断奶重	睾丸数	毛色	来源

表 7-2　种母狸卡

品种	池号笼箱号	出生日期	初生重	断奶重	乳头	毛色	来源

表 7-3　生长发育记录

类别	初生日龄	15 日龄	25 日龄	35 日龄	60 日龄	90 日龄	120 日龄
体重							
胸围							

表 7-4　繁殖记录

配种时间	以配母狸		产仔日期	产仔只数			断奶		留种公母笼号	备注
	品种	笼号		活	死	畸形	存活	窝重千克		

表 7-5　母狸产仔哺育记录

笼号		序号	仔狸笼号	性别	初生重/克	25 日龄断奶体重/克	留种情况	备注
品种								
胎数								
与配公狸笼号								
配种日期								
分娩日期								
产仔数	活仔							
	死仔							
	母仔							
	公仔							
	畸形仔							
哺育仔数								
断奶日期、重量								
断奶只数								
平均重								
成活率/%								

第八章
竹狸的饲养管理

要搞好竹狸的饲养管理，一要熟知竹狸的生活习性和生长发育特点，二要有相应的日常管理制度和管理月历，三要采取科学的精细的管理措施。

 ## 第一节　竹狸的生长发育特点

一、哺乳仔狸（出生到 35 日龄断奶）生长发育特点

竹狸是晚成动物，即胎儿尚未发育成熟就生下来了。刚产下的仔狸非常幼嫩，3 日龄才长毛，身体颜色由粉红色变淡灰色，一周后才开眼睛，15 日龄才学吃食。这时开始给竹狸补喂鲜嫩易消化的竹枝、草茎、米饭和乳猪配合饲料。30～35 日龄，就应断奶并将母狸隔开饲养。断奶时仔狸一般体重 0.15～0.25 千克，最大可达 0.3 千克。一胎产仔数量少的，断奶体重大；产仔多的，断奶体重小，一胎产仔 5 个以上的，断奶时仔狸体重很少超过 0.25千克。但个别会护仔勤喂奶的母狸，虽产仔多，断奶时仔狸体重却均匀而大个，这种优良高产母狸比较少见。

二、幼狸（断奶到 3 月龄）生长发育特点

幼狸生长前期缓慢，后期加快。断奶后仔狸对饲料有适应期，加上采食的饲料再好也比不上母奶的营养，所以断奶后 1 个月的幼狸生长速度大都明显减慢。断奶后饲养 1 个月，大群饲养如按

科学方法补料，适当地调整精粗饲料比例，加大蛋白质、多维素和矿物微量元素喂量，使幼狸获得哺乳期更丰富的营养品。这样，幼狸会改变前期生长缓慢现象，到 3 月龄多数体重可超过 0.5 千克，这时幼狸胃的消化功能已经完善，采食范围广，吃食品种多，生长速度逐渐加快。此阶段是驯食、合群最好的时机。

三、青年狸（3 月龄到性成熟）生长发育特点

良种竹狸饲养到 3 个半月，体重约 0.8 千克，从这时起到性成熟，称为青年狸。青年狸活动能力强，采食旺盛，生长速度最快，如果饲养得好，1 个月体重可增加 0.5 千克。作为留种用的个体，此阶段要做好配对配组工作，剔出不宜作种的个体转入商品肉狸池饲养。从青年狸养到商品肉狸上市，所需时间与喂料好坏有很大关系。单纯饲喂竹、木类，不喂精料的，可能需 8～9 个月或更长时间；实行精粗饲料合理搭配饲喂的，早熟高产的良种仔狸 4 月龄体重达到 1.5～2 千克即可出售。最好在体重 1 千克时，人工催肥 20～30 天，体重达 1.7～2 千克出售，此时肉质最佳。

四、成年狸（性成熟以后）生长发育特点

青年竹狸养到出现发情，公母开始交配，标志着性成熟。性成熟的早晚与竹狸品种、季节和饲料有关。早熟品种 4～4 个半月龄就发情，晚熟品种 8～9 月龄才发情，一般在 6～7 月龄发情；发情也与季节密切相关，春、秋季是发情旺季，正常饲养的竹狸会提早 1～2 个月性成熟，冬、夏季由于过冷或过热，竹狸会推迟 1～2 个月发情；如长期不喂精料，饲料中缺乏蛋白质、维生素和矿物质元素，青年狸会推迟发情，成年狸则不发情。可见同样是一对良种竹狸的后代，有的 5～6 月龄就发情，有的 9～10 月龄才发情甚至不发情，原因就在于此。性成熟后竹狸继续增重，直到身体定型不再长，称为体成熟。一般畜禽在体成熟前是不宜配种繁殖的，但竹狸却例外。竹狸在性成熟后即可开始配种繁殖，产

至第三胎，才达到体成熟。体成熟前每胎产仔数偏少，其原因有两种解释：一是子宫发育尚未完善，属于早配早产，所以产仔数不会太多；二是这段时间母狸怀孕摄取的营养有一部分还要供自身生长发育。使供胎儿的营养受到限制，只好以减少产仔数来维持母体营养平衡。

遗传、饲料、疾病是影响竹狸生长速度的三大因素。父母个体大，生下的仔狸个体也大，后天生活力强，生长速度也比较快。俗话说："初生重1钱，断奶增1两，出笼增半斤。"如饲料单一，缺乏蛋白质、维生素和矿物质元素，竹狸生长会显著减慢。断奶后竹狸如患胃肠炎、下痢、外伤、脓肿、骨折等，即使用药医好，也会变成"僵狸"，生长速度会比健康幼狸降低一半。

第二节　日常饲养管理要点

一、正确捉拿，防止竹狸咬伤人

捉拿竹狸时不能抓头、身和脚。正确的捉拿方法是：用手指抓颈背皮肤或抓尾巴提起来。如果要给竹狸吃药或打针，最好采用特制的竹狸保定铁夹（可用厨房火钳改制）夹住颈部。为了防止竹狸咬伤人，一是注意捉拿技巧；二是不要用手摸竹狸的头吻部；三是捉拿时悄悄接近竹狸，避免惊扰，应轻拿轻放。

二、采购和长途运输竹狸种苗的注意事项

（一）选择竹狸种苗注意事项

① 身体干瘦、毛色无光泽、有眼屎、眼球凸出或下凹的个体不能购进。

② 身体过于肥大、已繁殖的老竹狸不能购进。

③ 腹部过于膨胀、手触摸有波动感，怀疑被灌了大量水分的

竹狸高效养殖与加工利用一学就会

不能购进。

④ 选择健康无病、无伤、体重 300～400 克的幼狸。这种竹狸不打架，好运输，宜驯养，容易适应环境，成活率高。

（二）采购竹狸种苗注意事项

① 向卖主了解种苗来源及其食性，如狸苗从哪里捕获，曾喂过什么饲料等。

② 换笼检查，看竹狸行走是否正常。

③ 向当地兽医站了解近期是否发生过人畜共患的传染病，并请兽医检疫。

④ 发生传染病的地区，即使是健康的竹狸，也不能购买。

（三）长途运输竹狸注意事项

① 凭"免疫注射证"和"动物检疫证书"办理运输手续。竹狸是野生保护动物，运输前要在当地林业部门办好准运证，在兽医站办好检疫证。

② 运输笼要牢固，一般采用铁笼，不能用纸箱或木箱装运。

③ 防止打架，必须合群饲养一段时间，才合笼运输。两窝竹狸要集中放在同一池内饲养 5～8 天，确认它们已能合群，方可装笼运输，凡不具备合群饲养条件的只能一窝一笼装运。

④ 竹狸运输过程中既要避免风吹雨淋，又要避免包装过于严实而造成缺氧死亡。运输途中特别强调通风透气，如放在小车后仓室装运的，行车 1～2 小时后要打开仓盖，换气检查；如放在客车坐凳下，要注意防止铁笼的气孔被堵塞。

⑤ 白天运输应避开高温天气，夏季只能选择在雨天或晚上凉爽时刻运输。

⑥ 防止铁笼钩伤竹狸脚趾。装笼时铁笼内要铺放垫草，从笼内取出竹狸时，如果竹狸的脚趾抓住铁笼不放，切勿用力拉扯，应先向竹狸身上吹气，使竹狸自行跑出。

⑦ 在运输笼内应放些甘蔗头、凉薯、西瓜皮、甜竹秆或玉米棒，供竹狸途中采食。

三、合群

野生竹狸在自然环境中密度较小，出没于人迹稀少的荒岭，从而形成了竹狸孤独、胆小的习性，一旦遇到陌生的同类，就进行防卫式攻击。人工饲养密度加大了，合群时首先须防止竹狸互相撕杀，尤其是陌生的野生青年狸、成年狸和家养的成年狸。要使竹狸正确合群，需掌握以下技术：

（一）建造可以合群驯养的大、小水泥池

大池每个面积 2 米² 以上，里面设置空心水泥砖，造成人工洞穴，为竹狸提供藏身之地，以免打斗。

（二）新进竹狸要隔离观察

新买进的竹狸要先隔离观察 7～10 天，确认无伤无病才能合群。合群前将两个狸笼贴放在一起 30～60 分钟，让竹狸适应对方的气味。

（三）放竹狸入池

动作要轻，不能惊动其他竹狸。

（四）夜间合群

应选择在夜间合群，先在池内分散投放饲料，让竹狸进入池内就忙于采食，以分散注意力。

（五）让竹狸入池后有回到大自然的感觉

在池内放人大量带叶的青绿竹枝树叶，让竹狸入池后有回到大自然的感觉，消除恐惧，减少撕打。

（六）陌生竹狸合群观察

放入陌生竹狸时先观察 15～30 分钟，如果打斗不休应立即分开，转入暗室（小池）里饲养一段时间，待适应环境，被人捉拿不惊慌，才合群饲养。

（七）断奶母狸重新合养

断奶母狸重新与公狸合养，如果是公、母狸用头互相顶推，

这是亲近的表示，并非打架，互相顶推一段时间就会很好相处；如果一只用头顶住另一只身体的其他部位，并张口咬住不放，这才是打斗，要迅速将它们分开并用铁笼装好单养，将两笼并排在一起，让它们互相看得见，但咬不着。互相适应气味1～2天，再行合养。采用这种方法，断奶母狸与公狸重新合养一般不会被咬伤。

四、驯食

竹狸有一种奇特习性：一旦形成固定的食物结构，就很难改变。所以饲养竹狸必须从小驯食，训练竹狸采食多样化，直至对配合饲料、大米饭、玉米、黄豆、花生、红薯、马铃薯、胡萝卜、凉薯、西瓜皮、甜瓜皮、玉米秆、甘蔗头、荸荠、某些中草药饲料等都能采食。要使母狸在怀孕和产仔期间能接受补料，补水。从而获得充足营养和水分，保证胎儿发育健全和产后不缺奶水。

五、供水

野生的竹狸没有饮水的习惯，体内水分补充全靠从食物中摄取。所以过去笔者在书上强调，饲料中要注意搭配甘蔗、红薯、荸荠、鲜玉米芯、象草秆、芒草秆、竹笋等多汁饲料和含水量较多的青料。冬季青料少，以玉米、麦麸为主食时，投喂精料要用淡盐水调和，放水量以精料握在手中能成团、松手即散开为宜，使竹狸从食物中获得足够的水分。夏季气温高，为减少青料水分挥发，宜将采回的青料如玉米秆、象草秆、竹枝叶等堆放墙角，用湿沙埋好。气温超过30℃时，每天每只竹狸喂给20克西瓜皮；气温超过34℃每天每只竹狸喂40～60克西瓜皮或稀饭，但稀饭中水分不宜过多；夏天喂精料全部用水拌湿。据多数资料报道以及我们进行对比试验结果表明，对竹狸大量喂水，极易导致死亡；少量喂稀饭、米汤，却生长良好。

这是驯养野生竹狸，少量饲养的做法。产业化大生产，用多汁饲料和含水量较多的青料给竹狸补水，操作十分麻烦，煮稀饭、米汤给竹狸补水更是行不通。训练竹狸直接喝水是产业化大生产的关键技术之一。方法是以奶为诱食剂，用碗装牛奶或者奶粉对水先喂哺乳母狸，让母狸带仔一起喝奶，然后，奶由浓到稀，慢慢过渡到清水。用同样的方法，在公母群养的大池里，让母狸带公狸学会喝水。

六、幼狸的公母鉴别和品质鉴别

(一) 幼狸公母鉴别主要看两处

① 看奶头，后腹两边如有两排奶头便是母的，没有成排奶头则是公的。

② 看阴户与肛门的距离，近者是母狸，远者是公狸。

(二) 幼狸品质鉴别方法

体重 500～750 克的幼狸，毛为灰黑色，粗毛下面绒毛细密，背腹相对较宽而平，身体肉多，腹部皮肤嫩红，是发育良好的特征，可作种用；如毛色粗黄，粗毛下面绒毛稀少，背腹细长，身体肉少，腹部皮肤苍白，则是僵狸，不能作种用。

七、竹狸放养密度

根据竹狸在野外生活的习性，竹狸放养宜稀不宜密，但要考虑充分利用场地。适宜的密度是在一个 80 厘米×70 厘米的水泥池内放养 1 公 2 母或 1 公 3 母成年竹狸，或饲养幼竹狸 6～8 只。大水泥池每平方米幼狸放养 10 只，每群不宜超过 20 只。密度过大，会因抢吃而互相咬伤，或在晚上堆叠睡觉，导致小狸和弱狸被压死。另外，放养密度与气温高低有很大关系，室温超过 30 摄氏度，每平方米面积放养数量以成年竹狸 6 只以下、幼狸 10 只以下为宜。

八、饲料要求

（一）清洁卫生

发霉变质的饲料不能喂。

（二）保证竹狸不缺水

1. 干、湿饲料搭配好，保证竹狸不缺水

冬春季以甘蔗为主食时，竹狸尿多，窝室潮湿，竹狸易生病。因此，饲喂甘蔗等含水量高的饲料，要搭配干玉米芯、老竹木枝叶、干玉米粒、配合饲料干品等含水量少的食物。干湿饲料搭配比例以各占 50％ 为宜，或观察鼠笼、狸池内不潮湿为好。

2. 饲料多样化

力求竹狸获得全面营养。

3. 新鲜竹枝叶、皇竹草不能缺

竹狸虽然能吃各种干料，但新鲜竹枝叶、皇竹草不能缺乏，如长期缺新鲜草秆，就要添加水杯，补给水分。否则会导致消化不良，厌吃。长期缺水甚至会干瘦死亡。

4. 看狸投料

幼狸供给营养好、易消化、维生素含量高的鲜嫩饲料，能促进生长发育；青年狸消化能力强，采食旺盛，要求提供充足的精粗饲料；怀孕及哺乳母狸要补喂精料和多汁饲料。

5. 喂干粒饲料注意事项

夏秋季高温干燥，喂粉状、颗粒乳猪料要用淡盐水或冷开水调湿。喂玉米、黄豆等干粒饲料时要注意以下四个方面。

① 要详细检查饲料，发现有霉味要做去霉处理，即用 EM 原露对水 3 倍浸泡 10 分钟，捞出晾干才可饲喂。

② 隔年玉米、黄豆虽然闻不出霉味，但其胚芽已轻微发霉，同样要用 EM 原露对水 3 倍浸泡，液漂洗去霉后才能饲喂。

③ 新鲜的干玉米、黄豆粒要用清水泡软才喂，以防饲料过干造成缺水。

④ 现泡现喂，当天喂完。

6. 给竹狸补充矿物质

农村养竹狸不喂配合饲料，需要给竹狸补充矿物质，定期（每周2～3次）给竹狸喂猪、牛或鱼的骨头。先将猪、牛骨炖1～2小时（或用高压锅煮15～20分钟）后晾干研粉拌料投喂，每只每次喂3～5克。

7. 贮藏竹狸饲料要注意三点

① 各种饲料含水量不一样，应分开存放，喂前才混合。

② 竹狸饲料不能与农药、化肥混放在一起，以免被农药、化肥污染而引起中毒。

③ 2～3天才喂完的含水较多的青饲料要摊开，防止发霉变质。如存放时间较长又要保持新鲜的植物茎秆，可用湿沙埋住根部，隔2～3天浇1次水。

九、计划用料

一只成年竹狸一天耗精料50克、粗料200克，一年耗精料18.25千克、粗料73千克。一只商品竹狸从出生到4月龄上市，自出生15日龄学采食起，4个月采食饲料只有105天，共需精料4.2千克、粗料25千克；如到2月龄即作为种狸出售，约用精料0.9千克、粗料5.6千克。（粗料计算方法：成年竹狸一天耗粗料250克，2月龄前耗粗料减半，15日龄前耗粗料为零。）

十、暑天降温

酷暑期为竹狸降温是一项综合性措施，包括如下内容：

1. 遮阳

应采取多种措施遮阳，防止日光直射竹狸窝室。

2. 通风

在遮阳的同时，应考虑通风透气。竹狸怕风，室内电风扇应向墙壁吹风，促使室内空气流动降温；风扇不能直接吹向竹狸。

3. 补喂多汁饲料

保证竹狸获得足够水分。

4. 降低饲养密度

高温期饲养密度应降到冬季的 1/2～1/3。

5. 大池内应放置若干空心水泥砖

供竹狸进洞躲藏，防止晚上睡觉挤压成堆，造成闷热死亡。

6. 湿沙消暑

室温超过 34℃时，池内应堆放湿沙，每天向沙堆浇透凉水 2～3 次，供竹狸睡在湿沙上消暑。

7. 青叶垫窝

利用新鲜青嫩的竹叶、青草、树叶垫窝，以保持清凉。

8. 喂清凉消暑的药物饲料

补喂清凉消暑的药物饲料，如西瓜皮、凉薯、绿豆、茅草根、嫩竹叶等。

9. 安装空调

有条件的可在竹狸产仔房安装空调。

十一、群养管理

大群饲养竹狸，应根据养殖场的位置与饲养方法制定管理措施，抓好以下几点：

① 保持食物和场地清洁卫生。不喂已被农药污染的秸秆；雨天采回来的饲料和早晨割回带露水的草茎、秸秆，都要晾干才喂；窝室要勤换垫草，保持清洁干净。

② 母狸怀孕后单独喂养，应予补料。

③ 降温防暑。在房顶建池饲养的，夏天要搭棚遮阴，棚顶上搭架种瓜或葡萄，气温 30℃以上又特别闷热时，可用排风扇抽出室内湿热气体或向池内淋水降温。

④ 用小水泥池饲养的种狸，运动量不足，每周应放到大水泥池活动半天。

⑤ 用小水泥池饲养母狸的，产仔间池顶要加盖，投料间池面

要盖铁网，防止家狸入池争饲料或咬吃仔狸。

⑥ 秋冬季要防止冷风直接吹进窝室，气温急剧下降时，要给竹狸窝室加铺垫草保温。

⑦ 经常检查，及时医治竹狸外伤。

⑧ 饲养人员要相对固定。

⑨ 产仔、哺乳母狸的窝室谢绝参观。

⑩ 每天做好生产记录，每月进行 1 次投入产出比的核算。

十二、做好生产记录

饲养竹狸的生产记录是进行生产成本核算、选种选配、改进饲料配方、完善科学饲养管理的重要依据。

（一）记录内容

① 每天投料时间、品种、数量。

② 配种时间、胎次、产仔数。

③ 产仔成活数、仔狸断奶时间、单个体重、公母比例。

④ 催肥肉狸测重。

⑤ 发病诊治、用药记录。

⑥ 竹狸购进、自繁、死亡、出卖数量的记录。

⑦ 销售收入记录。

（二）记录方式

1. 小池单养种狸池

一池一母一卡片，做好繁殖父母本及后代的详细记录。

2. 商品肉狸专用的繁殖池

应在大池或小连通池饲养，一池一组（一群）一卡片，只记录整群母狸窝数、产仔数及成活数，以了解整体生产水平，不需要对母狸逐一繁殖情况作详细记录。

十三、饲养员全天工作安排

饲养 300 对以上的竹狸饲养场，饲养员一天的工作时间通常是这样安排的：

① 早上 7 时半上班，先用 0.5～1 小时清扫栏舍，观察竹狸动态。发现行动异常或蜷缩在一处昏睡不醒的竹狸，要轻拿到亮处仔细检查，发现有病伤，即隔离治疗。

② 调配精料投喂。在上午 9 时半喂完，每天喂 1 次，哺乳母狸晚上加喂 1 次。

③ 9 时半至 10 时，为病狸打针、投药，并将怀孕后期的母狸移至繁殖池单个饲养。

④ 10 时至 11 时半，采摘粗饲料。

⑤ 14 时半巡视狸池半小时，发现异常竹狸应立即拿到亮处仔细检查。

⑥ 15～16 时，将上午采回的粗料摊开晾干水分，清洗掉泥沙、污物，除去发霉变质部分。夏天采回的青鲜秸秆，清洗干净后，用湿沙埋根保鲜。

⑦ 17 时，切短粗料并将发霉变质的剔除后，投放到狸池中，供竹狸晚间采吃，每天傍晚投料 1 次。同时认真观察竹狸健康情况，做好当日生产记录。

⑧ 产仔旺季，有较多母狸产仔，20～21 时夜巡补料 1 次。

 ## 第三节　竹狸饲养管理月历的编制

1 月

饲养管理主要目标是保温，提高繁殖率与仔狸成活率。

① 狸舍门窗用塑膜挡风。大中小池均覆盖塑膜保温。寒潮来时，室内适当升火加温，同时将竹狸全部移进小池和大中池的保温槽，加厚垫草，加盖双层塑膜保温。

② 特别注意护理好哺乳母狸和仔狸，晚上一定要补喂营养餐。

③ 有时 1 月份也有"回南风天"，室内十分闷热回潮，空气湿度大，要揭开塑膜，让窝池内水气散发。

④ 保证有足够的新鲜青料，南方此时是砍甘蔗季节，应避免

全部喂甘蔗，饲料过于单一。

⑤ 若遇上细雨绵绵，青粗料水分无法晾干，要用高锰酸钾水、石灰水或 EM 菌原液（EM 水）漂洗后再饲喂。

⑥ 若遇上北风干冷时间较长，空气干燥，要用温热盐水拌精料饲喂，适当增加多汁饲料，防止竹狸缺水。

⑦ 每天晚上检查一次，发现成堆睡觉要适当疏散，防止弱小狸睡在下面被压死。

2 月

饲养管理主要目标仍是保温，同时防止青粗料中断，做好同期发情，提高受胎率。

① 本月是春节放假，饲养管理容易放松，所以要认真落实值班饲养人员。

② 认真做好青粗料的供应计划，节日前要采回来保鲜。搭配喂粗干料的要注意浸水软化。

③ 保温做法同一月。

④ 断奶仔狸集中到中池护养，同时给未配上种的母狸投喂同期发情药物。

⑤ 注意防止饲料发霉中毒。

3 月

饲养管理主要目标防止感冒腹泻，做好二次选种。

① 本月气温回升，春耕大忙，饲养管理容易忽略。在农村常常是投料后就不管了。作为家庭竹狸场，要有人专管，做到春耕生产和饲养竹狸两不误。

② 本月中午和晚上气温变化大，冷热交替，易发生感冒和腹泻。要做好防病工作。

③ 青料和多汁饲料比较缺乏，应注意多种维生素和水分的补充。

④ 上年秋冬产的仔狸多数已有 750～1000 克，是最好的二次选种时候，应按二次选种程序，将高产母狸的后代选留下来配好对。

⑤ 饲养数量少的在配对前应与其他养殖户进行公母狸交换，

防止近亲繁殖。

⑥ 制定当年养殖计划，做好老种淘汰和新种补充。

4月

本月春暖花开是配种繁殖旺季，提高受胎率是本月饲养管理主要目标。

① 详细检查怀孕情况，将未怀孕的成年母狸全部隔出来，进行第二次同期发情，争取在本月末全部配上种。

② 围绕提高受胎率来搞好饲养管理。

③ 调整产业结构，按计划种植青粗饲料。

④ 气温升高，覆盖门窗和池面的塑膜可全部拆除。对竹狸窝室和池内的垫草、积粪进行一次大扫除，换上清洁垫草。

⑤ 注意预防饲料发霉中毒。

5月

本月是自然发情配种旺季末月，又是竹狸疾病较多的一个月，所以饲养管理主要目标是提高受胎率和防病。

① 精心配料，增加营养，促进自然发情。

② 对已达到高产种群选育标准的公母狸，抓紧做好提前断奶，强化催情，争取早配。

③ 加强清洁卫生，饲料消毒去霉，减少疾病发生。

④ 投喂药物饲料，做好防病工作。

⑤ 每星期喂 2～3 次 EM 菌原液预防肠道疾病。

6月

天气已炎热，饲养管理主要目标是改善竹狸生活环境，注意饲料饮水卫生。

① 保持竹狸窝池阴凉、干爽，防止阳光直射，窝池地面干燥，窝草新鲜无霉烂。

② 青粗料新鲜。在大中池内可置放大量青绿竹木，让竹狸有回归自然感觉。

③ 认真检查饲料、饮水清洁卫生，适当采用消毒预防药品。

④ 不宜远距离大批调运种苗。

⑤ 多喂青嫩鲜料，节约精料，降低饲养成本。

7 月

已进入暑天，饲养管理主要目标是降温消暑。

① 认真贯彻执行本书附录七，竹狸夏季降温消暑十项措施。

② 认真预防竹狸中暑，补喂降温消暑饲料。

③ 单独饲养的公狸不宜再放入与母狸配种。

④ 小池饲养的移至大池，降温条件不好的竹狸场停止配种繁殖。

8 月

已进入大暑，是全年最热的天气，饲养管理主要是降温消暑。

① 继续贯彻执行附录七降温消暑十项措施。

② 清凉饲料、清凉药物灵活施用。

③ 有条件的将种狸移到阴凉的地下室饲养。

④ 停止配种繁殖，在同期发情时间安排上，产仔要错过 8 月。

⑤ 禁止车辆长途运输种狸。

9 月

虽然立秋，南方仍是持续高温，饲养管理仍以降温消暑为主要目标。

① 继续贯彻执行附录七降温消暑十项措施。

② 下旬天气转凉，抓紧配种繁殖。

③ 饲喂农副产品较多，注意防止农药污染引起中毒。

④ 既要防止闷热，又要防止风吹。

10 月

中午和晚上温差较大，气候干燥，凉爽，是繁殖旺季，也是感冒、腹泻多发的月份。饲养管理应以提高受胎率和防感冒腹泻为主要目标。

① 中午注意打开狸舍门窗降温散热，晚上又要及时关门窗保温，防止受凉感冒。

② 精心下料，保证营养，促进发情配种。

③ 收晒玉米芯贮存，做好冬季饲料收藏。

④ 注意防止饲料发霉中毒。

⑤下半个月可以选种、引种和长途运输。

⑥ 商品肉狸催肥出栏。

11 月

天气变冷，寒潮频繁，保温和提高产仔成活率成为本月饲养管理主要目标。

① 做好防寒保暖，防止冷风侵袭是本月饲养管理的重点。实践证明，天气突然变冷，竹狸被冷风吹，会成批死亡。

② 产仔母狸和幼狸注意晚上补喂精料，以提高成活率，同时防止冷饿发病死亡。

③ 每天晚上要检查，发现堆睡取暖的，要给窝室添加垫草，将堆睡的竹狸分开，防止压死。

④ 气温低于 12℃要用温开水或温热稀饭调精料饲喂。

⑤ 进行竹狸整群，将瘦弱竹狸，淘汰的年老种狸分隔出来，催肥 20 天左右作商品肉狸出售。

⑥ 喂料要保持青鲜。饲喂干料的要搭配多汁饲料，保证竹狸不缺水。

12 月

冬季严寒，保暖育肥为本月饲养管理主要目标。

① 狸舍门窗要用塑膜封严，不让冷风吹进窝室。窝室垫草比平时加厚一倍。

② 气温 15℃时，饲养池面要半盖纸板或塑膜；气温 10 摄氏度时，要全盖塑膜；气温 5℃时，池面覆盖双层膜，室内生火或放电炉加温，亦可用小鸡保温伞加温（有保温槽的大中池可不升火加温）。

③ 产仔哺乳母狸每天早晚检查两次，通过观察母狸采食来判断仔鼠是否受饿受冻。

④ 加喂油类饲料，炒黄豆、葵瓜籽、火麻仁等增加抗寒能力和加快育肥。

⑤ 用温热开水或热稀饭调精料趁热饲喂。同时注意补喂多汁

饲料，防止食物过干使竹狸缺水死亡。

⑥ 商品肉狸催肥后出售。

⑦ 做好全年科学饲养管理总结。

 # 第四节　竹狸不同阶段、不同目标精细管理措施

一、哺乳仔狸断奶体重（250～300 克）精细管理

生长快而自己又不会采食，母狸奶水不足，制约仔狸生长发育，是哺乳期仔狸生长发育最突出的特点。根据这一特点，在饲养管理上要注意抓好 6 点。

1. 哺乳阶段要精心养好母狸

给哺乳母狸补喂牛奶、矿物质微量元素和多种维生素，提高母狸产奶量，满足仔狸迅速生长发育对各种营养的需要。

2. 母狸补奶逐日增加

出生 1～15 天仔狸不会采食，全靠母狸哺乳，母狸补喂牛奶数量要随着仔狸长大而增加，每天补奶以母狸吃后略有剩余为合适。

3. 到第 15 天原粮饲料要小粒

到第 15 天仔狸开始学采食，这期间给的饲料要特别注意，精料是原粮的要小粒，粗料要鲜嫩易消化。同时，给母狸喂奶量要继续加大。

4. 到 25 天仔狸改为人工哺乳

到 25 天仔狸已经学会采食，可以独立生活了。这时仔狸生长旺盛，食量大增，靠母狸哺乳已经不能满足其迅速增重要求。所以，要把仔狸隔离饲养，改为人工哺乳，直到 35 日龄断奶。

5. 仔狸食量增大，每日喂半片酵母片

仔狸食量增大，易出现消化不良疾病。每日应给仔狸喂半片酵母片，将酵母片研碎拌入精料饲喂，帮助消化。

竹狸高效养殖与加工利用一学就会

6. 注意防鼠和消毒

整个哺乳期间，特别是 15 日龄前要认真预防老鼠吃竹狸仔。另外，要注意饲料、食具清洁卫生。装奶的豌每次用前均要用开水清洗消毒。

二、幼狸 95 天体重（1050～1200 克）精细管理

断奶后 2 个月的幼狸，是驯食、合群与配对配组的关键时期。抓好这 2 个月的饲养管理，就能获得适应性强、优良高产的后备种狸和不挑吃、易育肥、生长迅速的商品肉狸。

① 断奶后第一个月实行单窝饲养，培养独立生活和采食能力。窝室保持安静、黑暗。幼狸喂给全价乳猪料拌米饭，青粗料要求鲜嫩、易消化、多样化。投料次数增加，每天早、中、晚各投料 1 次。

② 断奶 1 个月以后，喂料逐步增多、变粗，同时将 2～3 窝幼狸从小池移至中池或连通池群养，每群 10～15 只，池面一半加盖，让幼狸逐渐适应室内光线。

③ 每半月测重 1 次，达不到预期的增重目标的，要调整饲料配方，加大 EM 菌原液喂量，促进消化吸收。

④ 创造最佳生长环境。勤换垫草，保持清洁卫生，夏季降温防蚊，冬季防寒保暖。防止猫、狗、家鼠侵袭。

三、繁殖种狸的高产精细管理

繁殖种狸的日常饲养管理要求已在"竹狸人工繁殖技术"一节介绍过。这里强调与高产密切相关的精细目标管理措施。

1. 选好高产种群

通过 1 年以上的观察、训练和培育，选择高产母狸是获得高产种群的关键。具体做法是：

① 选择有 4 对以上奶头显露的母狸。

② 选择能与 2 只以上公狸同时配种的母狸，是保证复配和多

产仔的先决条件。

③ 选择怀孕期 42 天母狸，年产才有可能确保 4 胎，争取 5 胎。

④ 母狸每胎产仔 4 只以上。

⑤ 母狸会带仔，产仔多且成活率高。

按以上五个条件，严格选择年产仔 4 胎以上、每胎产仔成活 4 只以上，即年产仔成活 16～20 只的母狸的后代作种狸，可比一般良种母狸产仔量提高 80%。

2. 成年公母狸配组群养

新买进成年公母狸如果不是原来配对配组的，首先应按照前述的方法合群饲养 20～30 天，互相适应以后，随意挑选其中 1 公 3 母配组。注意只能重新合群，在群养条件下配组，不能单独配对配组，否则不但配不成对或组，还会互相咬伤。有个别成年公母狸，单独喂养十分温顺，一旦合群就咬伤同类。这种合群性极差的公母狸可采用剪掉门牙，或注射镇静剂等方法强制合群，或作为商品肉狸处理。过去笔者写的书和前几年编写的讲义，曾强调竹狸配对 1 公 1 母繁殖较好，那是野生驯养阶段的要求，只能繁殖成功，产量很低。已不适应新良种的推广和产业化大生产需要了。

四、商品肉狸的催肥技术

商品肉狸饲养从 95 日期龄开始，可进行催肥 20～25 天，淘汰的老瘦种狸也要催肥 20 天，使每只商品肉狸重量达到 1500 克以上。以下是催肥技术要点：

① 大批量催肥选在秋冬季节。

② 催肥前进行一次驱虫。

③ 驱虫后全部盘点称重，记下每栏只数和总重量。

④ 催肥饲料精料由平时的 40～50 克增加到 50～60 克，青粗料由平时的 200～250 克减到 200～150 克，选取营养好易消化的饲料。

⑤ 根据育肥要求，设计制作育肥专用营养棒，每天每只喂

1 条。

⑥ 限制运动，窝室加盖，保持安静、避光。

⑦ 育肥期间，每周测体重 1 次。达不到预期的增重目标的，要调整饲料配方，加大 EM 菌原液喂量，促进消化吸收。

⑧ 竹狸睾丸有特殊药用功能，价值较高，有睾丸的个体能卖好价钱，故雄性竹狸催肥不宜阉割。

第九章
竹狸疾病的防治

第一节　防病常识

一、群养竹狸的防病措施

野生竹狸很少患病，但大群饲养则须严格做好下列防疫工作，将病害降至最低程度。

① 竹狸场门前应设有消毒池，进场人员要消毒鞋底，饲养员进入大池打扫卫生必须换鞋。

② 喂料之前要详细检查，剔出发霉腐败的饲料，沾有污泥水的饲料要用清水洗净晾干才喂，勿喂雨淋未干或带露水的草料及被农药污染的农副产品。

③ 各种用具、物品进入狸场前要清洁消毒。

④ 科学分群，将大小一致的竹狸放在一个池饲养。

⑤ 平时每周更换或翻晒垫草1次，平时发现垫草霉变要及时更换。断奶隔离后，窝草要全部清除，窝室彻底消毒。

⑥ 狸池及窝室要保持清洁、阴暗、干燥、透气、冬暖夏凉。

⑦ 控制饲养密度，防止互相咬伤和堆睡压死。

⑧ 饲料要求新鲜、多样化，经常补喂矿物质、维生素饲料，增加营养，提高抗病能力。

⑨ 饲喂陈旧玉米、豆类之前，须用EM原露对水3倍稀释液或5%的石灰水上清液浸泡10分钟，做清除霉菌后再饲喂。

⑩ 投喂保健饲料。竹狸一般不打预防针，但要按季节投喂中

药防病饲料和其他营养保健饲料。夏、秋季多喂西瓜皮、红花地桃花、茅草根、绿豆等杀菌、清热、消暑的饲料，冬、春季多喂鸭脚木、猫抓刺、马甲子等止痛、退热、防感冒饲料，平时多喂嫩竹枝、骨粉、多维素、"比得好"添加剂等。通过投喂药物饲料和补充维生素，达到防病的目的。

⑪ 保持狸场安静，场内禁止高声喧哗，谢绝外人参观。

二、竹狸患病的特征

竹狸患病有如下特征：

① 精神不振，被毛无光，不吃不动蜷缩一隅。

② 行走无力，少吃少动。

③ 发烧时有眼屎、流泪，身体热而尾巴冷。

④ 患胃肠炎则拉稀，肛门周围粘有稀粪，有时粪便带血。

⑤ 患膀胱炎或内伤，可能出现血尿。

⑥ 有些竹狸表面上看不出有病，但身体干瘦，皮肤苍白。

⑦ 身上不见伤痕，但手摸可触及肿块。

⑧ 身上遍布黄豆至玉米粒大小的疱疹，甚至化脓。

竹狸出现上述患病特征应及时隔离治疗。

三、购进竹狸易患病的原因与预防方法

（一）引进竹狸容易生病原因

引进的竹狸长途运输，接触病源机会增多；加上运输中拥挤、打架，笼内通风透气差，高温缺水，到达后环境和生活条件骤然改变，一时难以适应，因此容易生病。

（二）预防方法

① 向卖主了解该批竹狸原来的生活环境（窝池构造）和饲料品种，以便尽量按照原来的方式饲养，如改变饲料，要由少至多，逐步更换。

② 放进狸池之前，每只注射 0.4～0.5 毫升氯霉素或庆大霉

素，以预防疾病。

③ 逐只体检，如有外伤及时涂擦碘酒，伤口较深的涂敷云南白药或利福平，发现尾冷、有眼屎、拉稀者要隔离治疗。

④ 原来已养有竹狸的，新买竹狸暂时不能放入合群，须隔离饲养观察 7～10 天后，检查确认无病才能合群。

⑤ 引进种狸 7 天内，每天饲喂做到"三看"，即看精神、看食欲、看粪便，发现有病要及时治疗。

四、给竹狸投药、打针的操作方法

（一）给竹狸投药

一般是将药物拌在精料中饲喂，如土霉素粉拌饭饲喂，也可将药液直接滴入竹狸嘴里或用药液浸泡食物后投喂，还可在甘蔗、玉米秆中挖小洞将药粉塞进去投喂。这些投药方法简便，但应注意饲料中药味不可太浓，药味浓时竹狸会拒绝采食。

（二）给竹狸打针

一人用铁钳将竹狸夹住固定，另一人用玻璃注射器吸取药液在竹狸大腿内侧做肌肉注射。技术熟练时也可一人操作，即先用注射器吸好药液，用铁钳将竹狸颈部夹住并按在地面上，用脚踩住钳柄固定，然后一手抓住后腿固定，另一手持注射器打针。药店出售的青霉素和链霉素剂量都比较大，青霉素多数是 80 万单位、链霉素 100 万单位以上，而竹狸每只每次最多用青霉素 10 万～15 万单位、链霉素 4 万～5 万单位，因此 1 支 80 万单位的青霉素粉剂要分 5～8 次使用，1 支 100 万单位的链霉素粉剂要分 20～25 次使用。操作方法是：先将青霉素或链霉素瓶盖打开，将其粉末倒在干净白纸上，用牙签分扒，青霉素分成 5～8 等份，链霉素 20～25 等份，然后分别包装，放入小塑料袋保存，防止回潮变质。使用时，将一小包药粉倒入已消毒的小玻璃瓶里，用注射器吸取 1～2 毫升注射用水与药粉混合、稀释，然后吸入 5 毫升的玻璃注射器，使用 7 号小针头，在竹狸大腿内侧做 1 次肌肉注射。每天注射 3 次，待消炎或降温后，仍要坚持用药 1～2 天。

五、竹狸场常备药物

1. 土霉素片

研粉或溶于水拌入饲料，每只 1 次用 1/4 片。（商品狸育肥期禁用）

2. 土霉素注射液（用上海产的较好）

每次幼狸 0.2 毫升，大的种竹狸 0.4～0.5 毫升，做肌肉注射。对拉稀幼狸，可将药液直接滴入口中，每次 2～3 滴。

3. 万花油，云南白药、碘酒（浓度 2%～5%）、**紫药水**

外用。

4. 高锰酸钾

配成万分之一的溶液，浸泡饲料；若消毒用具，则配成千分之一的溶液。

5. 酵母片

研粉拌入饲料喂服，每次 0.5～1 片。

6. 青霉素粉剂

每次 10 万～15 万单位，以生理盐水稀释后 1 次肌肉注射。

7. 链霉素

每次 4 万～5 万单位，用法同青霉素。

8. 银翘解毒片、感冒灵、感冒清等感冒药

大狸给半片，小狸给 1/4 片，用饲料包裹喂服。

9. 氯霉素注射液

肌肉注射，每次用量严格控制在 0.6 毫升以内。（商品狸育肥期禁用）

10. 其他人用药物

均可参考使用。给竹狸打针治疗，幼狸用量是成年狸的 1/3～1/2。除青霉素可用药稍多外，其他均要严格控制剂量，大的种竹狸注射氯霉素、庆大霉素、土霉素超过 1 毫升，小狸超过 0.6 毫升，均会很快引起中毒死亡。

11. 感冒冲剂、抗病毒口服液、阿莫西林、布洛芬共 4 种药（有哮喘的加酮体芬共 5 种药）

混合使用，治疗普通病毒感染。

12. 强效头孢＋多效强抗

肌肉注射，同时剪尾放血，治疗犬瘟热。

13. 新霉素和先锋霉素

治疗大肠杆菌病。

14. 十滴水

稀释 5～10 倍，每只竹狸灌服 1 毫升；同时在竹狸鼻孔涂擦清凉油治疗中暑。

15. 乳炎康

肌注 1 支/只，每天 1 次连用三天，治疗乳房炎。

16. 多效强抗体（黄芪多糖）＋强效头孢射液

治疗仔狸痾奶粪。

17. 多效强抗体（黄芪多糖）＋双黄连注射液

治疗流口水病。

 第二节 常见病的防治

野生竹狸原是一种抗病能力很强的哺乳动物。经人工饲养以后，由于饲养密度加大，环境卫生差，隔离消毒不好，饲养管理不当，竹狸生病也逐渐多起来。下面是竹狸常见疾病防治方法。

一、外伤

这是人工饲养竹狸最常见、发病最多的一种疾病。

【病因】主要由互相抢吃、受惊吓、争夺窝室而互相咬伤或运输铁笼钩伤，捉拿方法不当而造成人为误伤。

【治疗】

① 轻伤涂擦紫药水或碘酒、万花油等，人用的外伤止血药均

可使用。

②创口较大较深的、出血较多的要放云南白药或利福平止血消炎。

③用中草药大叶紫株叶片或白背桐的果实研粉填塞伤口，以止血和防止感染。

④伤口不能用纱布包扎，也不能贴药膏或胶布，因为竹狸会用牙齿将包扎物撕扯掉。

二、脓肿

【病因】竹狸发生脓肿，多由打架致伤未能及时放药而引起。

【症状】常见在竹狸的头部、腹部、四肢及尾根有黄白色的化脓肿块，触压外硬内软。

【治疗】切开脓肿，排除浓汁，消毒创口，用氯霉素片研粉拌花生油涂擦，同时肌肉注射青霉素，每次 15 万单位，以预防创口重新感染。

三、胃肠炎

【病因】主要由饲料不清洁或发霉变质引起。

【症状】病狸精神沉郁，减食或不吃，肛门周围沾有稀粪，尾巴冷，晚间在窝内呻吟，日渐消瘦，脱水死亡。

【治疗】停喂 1～2 餐后，将土霉素 1 片（0.5 克）捣碎拌精料喂服，日服 2 次。严重时可在竹狸大腿内侧肌肉注射氯霉素 0.4 毫升和青霉素 15 万单位。一般用药 2～3 次可治愈。此病到中后期后比较难治疗，故在喂养的过程经常注意细致地观察，一旦发现有病要及时治疗。

四、口腔炎

【病因】咬伤、啃伤或吞食笼网、锐物引起。

【症状】不愿吃食，流涎，黏膜潮红发炎。重者精神萎靡，体温升高。

【治疗】

① 用 0.1％高锰酸钾水冲洗口或添加在饮水中让病狸自饮并口服消炎片 2 片，也可用碘甘油涂擦口腔。

② 重症者可肌肉注射青霉素 15 万单位或链霉素 5 万单位，每日 2 次，3 天为 1 个疗程。

五、感冒

【病因】多因气候突变，被风吹雨淋受寒引起。

【症状】病狸呼吸加快，畏寒、流清鼻涕，减食或不吃，体温下降，严重时体温升高。如不及时治疗，容易并发肺炎。

【治疗】

① 轻病可肌肉注射复方氨基比林，每次 0.3～0.4 毫升，每日 2 次；重病口服红霉素（严迪），每次灌服 1/8 片，日服一次，连喂 3 天，或肌肉注射 10 万～15 万单位青霉素，每天 3 次。

② 并发肺炎时，须用青霉素、链霉素交叉注射，用药技术较复杂，应在兽医指导下进行。

六、幼狸消化不良

【病因】幼狸吃进过多难消化的粗料引起。

【症状】病狸腹腔积满未消化的食物，腹胀、坚硬。

【治疗】幼狸停食 1 天，然后用山楂、大麦芽（或谷芽）各 3 克，煎水浸泡食物，晾干水后加 1～2 片酵母片投喂，连喂 3 天。

七、腹泻下痢

【病因】喝进不洁的饮水可使竹狸发生腹泻。吃进霉变、腐败或有细菌、病毒污染的食物可使竹狸发生拉痢。竹狸发生腹泻不及时治疗也会发展为拉痢。

【症状】病狸拉稀，肛门周围及后肢被稀粪污染，初病头下垂、眼无神，尾巴拖在地板上，行动迟缓。拉痢症状是粪粒表面有一层淡黄色透明的胶状物，严重时是红黄色胶状物，伴有腥臭味。

【防治】

① 平时注意饮水清洁，不喂发霉变质饲料。

② 用上海产的兽用盐酸土霉素。大竹狸每次肌肉注射 0.5～0.6 毫升，小竹狸每次 0.2～0.3 毫升，每天 1 次，严重时每天 2 次，连续用药 3 天。

③ 喂服 2 毫升 EM 菌原液，每天 2 次，连喂 5～7 天。可以较好防治竹狸拉稀和胃肠细菌性疾病。

八、顽固性拉稀

【病因】病因尚未明。

【诊断】竹狸拉稀，注射氯霉素或硫酸黄连素、硫酸庆大霉素等止泻药仍无效，则属于顽固性拉痢。

【对症治疗】用上海产的兽用盐酸土霉素。该药作用较慢，但稳定、安全。大竹狸每次肌肉注射 0.5～0.6 毫升，小竹狸每次 0.2～0.3 毫升，每天 1 次，严重时每天 2 次，连续用药 3 天。

【预防】同时停喂嫩玉米粒，喂干玉米粒时先用万分之一的高锰酸钾溶液（或 EM 菌原液对水 3 倍）浸泡消毒 15～30 分钟，或用 5% 的石灰水上清液浸泡 10～15 分钟，捞出晾干水再喂。

九、竹狸冷天大群腹泻

【病因】受冷刺激，竹狸大群腹泻是比较常见的病，主要是由保温不善和饮食不当引起的。

【症状】大群腹泻，竹狸尾部和肛门周围沾满稀粪，狸池地面被染湿。

【防治】

① 加强保温，寒潮到来之前，要将竹狸移到小池或大中池的

保温槽里加盖塑料薄膜保温，同时在窝池里加厚垫草。特别寒冷的天气要加双层塑料薄膜。

② 加强饲养管理，气温 12℃以下，均要用温热开水或热稀饭拌精料趁热饲喂，达到暖胃。

③ 对症下药，用环丙沙星、土霉素治疗或用 EM 菌原液拌料喂。

十、便秘

【症因】由于食物过于干燥，青料不足，竹狸长期缺水引起。

【症状】病狸开始尚能排出少量干球粪便，粪球干硬细小，以后排粪困难，甚至数日无粪便排出。常伴有高烧，病期较长时，食欲锐减、拒食，精神不振，逐渐消瘦。患病后期肠管常胀气，病狸精神沉郁，蹲在一处不动不吃，被毛粗乱。

【治疗】

① 注射器吸 10～20 毫升温热肥皂水，脱去针头，从肛门注入，干球粪会很快排出。

② 给竹狸灌服 5～10 毫升植物油（花生油、菜油等）。

③ 喂新鲜青料和多汁饲料。通常只要增加食物的含水量便秘就可预防。

十一、大肠杆菌病

【病因】由大肠杆菌引起，多发生于春夏季。

【症状】病狸腹大，触摸有波动感，母狸常被误认为怀孕，剖检可见腹中有大量凉粉状（透明胶状）浸出物。

【治疗】采用新霉素和先锋霉素治疗，每日 2 次，每次大狸注射 0.5 毫升，幼狸减半，连用 3 天。

十二、中暑

【病因】夏天运输竹狸如温度高达 32℃以上，在车厢里通风不

竹狸高效养殖与加工利用一学就会

畅，在养殖房内温度高达 35℃ 以上，室内通风不畅，或在阳光下暴晒 20～30 分钟后，加上缺乏多汁饲料，体内水分得不到补充，就会发生中暑。

【急救方法】

① 将病狸移到荫凉处，用湿沙将其身体埋住，只露出头部，经 10～15 分钟，竹狸就会苏醒。

② 如找不到湿沙，可将竹狸放到冷水里浸泡，让其露出头部，要防止它大量饮水，否则即使中暑解除，该狸也难养活。

③ 将十滴水稀释 5～10 倍，每只竹狸灌服 1 毫升。在竹狸鼻孔涂擦清凉油。

十三、肺炎

【病因】由于冷热交替，竹狸受寒抗病力降低，巴氏杆菌入侵引起，狸舍卫生差，通风不良，饲养密度过大易发病。

【症状】病狸初期打喷嚏，流出脓性鼻涕，炎症发展到气管时出现咳嗽，炎症发展到肺部时出现呼吸困难，病狸张口呼吸，严重时出现战栗、痉挛和瘫痪而死亡。

【治疗】

① 用青霉素、链霉素交叉注射，用药技术较复杂，应在兽医指导下进行。

② 金银花 5 克，菊花、一枝黄花各 3 克煮水加入饲料中喂服，每天 1 次，连服 3 天。

【预防】这种病很少见，天气急剧变化时，注意给狸窝添加干草，不能让窝内太过潮湿，出现症状应及时隔离。

十四、牙齿过长、错牙

【病因】竹狸属于啮齿类动物，牙齿会不断生长，所以它必须啃咬硬的竹木来把过长的牙齿给磨掉，才能使不停生长的牙齿保持一定的长度。由于人工饲养饲料比较精细，没有供硬的竹木给竹狸磨牙，它只能啃咬地板及墙面，这样一来由于用力不均，有些牙齿会磨不平，造成牙齿歪曲过长，上下交错；幼狸因为先天性畸形，也会长出歪牙。这些都会影响竹狸嘴巴会无法完全闭合，甚至不能进食，慢慢饿死。

【治疗】发现竹狸牙齿长歪或过长，都要通过用专用的钳子剪断磨平。方法是以左手抓住竹狸的颈部毛皮，右手拿钳子在离牙根 0.5 厘米处剪断磨平即可。20 天左右复查，如不平就再剪再磨。

十五、黑牙病

【病因】竹狸牙齿变黑、坏死，使竹狸不能采食而慢慢饿死。由坏死杆菌引起。

【治疗】此病要早诊断，早治疗。

① 初发病用碘甘油涂抹患处。

② 用新霉素和先锋 4 号（头孢）治疗，每日 2 次，每次大狸注射 0.5 毫升，幼狸减半，连用 3～5 天。

十六、血粪

【病因】竹狸粪便带血，多是吃进尖硬铁、木，刺破胃肠出血造成的。有的养殖户采用铁笼饲养，竹狸会咬破铁笼、吞食铁线而刺破胃肠出血，引起死亡。

【治疗】发现少量血粪，可用云南白药掺和面粉搓成条状喂服，或给竹狸注射仙鹤草注射液，每次 0.2～0.4 毫升，每天 2 次。

【预防】不用铁笼饲养，不喂尖硬食物。

十七、拒吃

【病因】病因尚未明。

【症状】竹狸拒吃，蜷缩一隅，慢慢消瘦而死。这是竹狸发烧的一种症状。能引起竹狸体温升高的病很多，如发病时，竹狸的粪粒变小变圆，粪粒外有黏液。

竹狸高效养殖与加工利用一学就会

【对症治疗】庆大霉素在竹狸大腿内侧肌肉注射，每次注射0.5毫升，每天2次，同时投喂鲜嫩竹枝和地桃花根茎等中草药饲料。

十八、脂肪瘤

【病因】竹狸体内的脂肪如果太多，又无法排出体外时就会发生脂肪肿瘤。预防的方法就是不要给竹狸吃高蛋白的食物太多。

【治疗】治疗方法竹狸脂肪肿瘤可以用手术的方式摘除，但是如果没有影响到身体的机能，不摘除掉也没有关系。

十九、眼屎多

【病因】竹狸有眼屎是一种患病症状，多种热性病或眼睛受到强光、化学药品、烟熏、异物刺激，都可能产生眼屎。病因尚未查明，只能对症治疗。

【治疗】

① 用淡盐水或中草药苦丁茶煮水洗去眼屎，再用氯霉素眼药水滴眼，每天3次。

② 肌肉注射硫酸庆大霉素0.5毫升。

③ 如果竹狸同时伴有尾冷，可注射10万～15万单位青霉素，每天3次。

二十、生性凶猛、攻击同类和咬仔

【病因】个别竹狸生性凶猛，难以合群；有的产仔前后狂躁不安，攻击同类，咬仔吃仔。

【治疗】用镇静药氯丙嗪（片剂），研碎拌米饭或乳猪饲料喂，每只1次用1/5片。该药具有镇静、止痛作用，服后竹狸很快转为安静。

二十一、竹狸产后内分泌失调

【病因】母狸产后内分泌失调引起。

【症状】产仔后母狸食欲、精神、体温正常，慢慢地迅速消瘦，最后干瘦到皮包骨，力尽衰竭死亡。一般于产后 10 天左右发病，也有在哺乳后期发病的。病程 10～20 天，死亡率 80%～90%。这是产后内分泌失调症。个别公狸配种后也发生这种情况。

【治疗】

① 母狸注射丙酸睾丸素，用法看说明书，按人用量的 1/10，在后腿内侧肌肉注射，隔天注射 1 次，注射 3 次为 1 疗程。

② 公狸注射黄体酮，方法同母狸一样。用药后身体会慢慢增肥，恢复正常后再配种繁殖。

二十二、乳房炎

【病因】多发于产仔后，因环境卫生差，细菌污染奶头，母狸又未及时喂奶，奶水溢出细菌繁殖而引起乳房发炎。

【症状】乳房红肿，严重时发热起肿块。

【治疗】

① 用乳炎康肌注 1 毫升/只，每天 1 次连用三天，严重的要用 5～6 天。

② 中草药六耳棱泡 40 度酒精涂擦。

二十三、哺乳期仔狸屙奶屎

【病因】每年的 4～6 月细菌高发期，狸窝环境卫生差，母狸带仔被细菌污染奶头，哺乳时仔狸吃了带细菌的奶而发病。

【症状】仔狸屙黄白色醒臭奶屎，慢慢消瘦而死。

【治疗】多效强抗（黄芪多糖）＋强效头孢射液。在竹狸后腿内侧肌肉注射，每天 1 次，连注射 2 天。

二十四、黄曲霉毒素中毒

【病因】吃发霉玉米引起。

【症状】病狸少吃或不吃，拉褐红色稀粪。死后竹狸全身皮肤

竹狸高效养殖与加工利用一学就会

黄色，剖检见肝硬化并肿大 2～5 倍，腹腔积有腥臭的棕黄色液体。

【治疗】发病后很难治疗，本病主要是预防：

① 停止喂发霉变质的玉米粒。对轻微霉的玉米粒饲喂前用5％石灰水上清液漂洗 20 分钟，捞出晾干才喂。

② 灌喂 EM 原液解毒，每次 2 毫升，1 日 2 次，直到粪便恢复正常，病狸康复为止。

③ 摘"鲜龙胆草"叶几片搓成指头大的丸子喂入病狸嘴内，连续喂 3～5 天，轻度中毒的病狸可痊愈。

二十五、甘蔗发霉中毒

【病因症状】甘蔗砍回来留久了，在切口处会长出一种红色的霉菌，这种霉菌会沿着甘蔗伤口迅速地入侵到甘蔗的空心处。这种霉菌毒性极强。竹狸误食发霉的甘蔗会引起中毒，迅速死亡。含糖量较高的甜玉米秸秆也会长这种霉菌。

【预防】红霉菌毒素中毒很难治，主要靠预防。

① 收获甘蔗、甜玉米秸秆回来，先用 EM 原液对水 3 倍喷洒切口，防止红霉菌生长。

② 喂料时细心清除甘蔗、甜玉米秸秆中长有红霉菌的那部分。

二十六、木薯慢性中毒

【病因】木薯和木薯秆中含有氢氰酸，用它来喂竹狸容易引起慢性中毒。

【症状】竹狸贫血，皮肤苍白，不发情，不配种。繁殖下降或停止。

【预防】盛产木薯的地方，不要用木薯和木薯秆来喂竹狸。

二十七、农药中毒

【病因】竹狸误食农药污染的饲料发生中毒。

【预防】农药中毒很难抢救，主要是做好预防工作。

① 发现竹狸中毒，立即停喂现有饲料，检查除去含毒饲料后才喂；如果无法确认饲料是否含毒，则要全部更换当日所用饲料。

② 不要到附近施放农药的地方采割饲料。

③ 到市场收捡饲料时，要仔细弄清饲料是否已被老鼠药污染，怀疑已污染的饲料切勿捡来喂竹狸。

④ 喂竹狸的饲料不能与农药、化肥、灭鼠药混放在一起。

二十八、竹狸水泡性口炎

【病因】由细菌或病毒感染均可引发本病。

【症状】患病的竹狸表现出无精神，眼睛微闭，大量口水沿嘴角流出，可弄湿老鼠整个腹部和地面；采食很少甚至停止；患病比较严重的竹狸，打开口腔，可看见舌头、牙龈和嘴巴内有白色小泡，刚开始发病打开口腔仔细观察可以看到一些小的不明显的出血点。

【治疗】

① 用生理盐水或者自制冷盐开水冲洗，然后涂抹人用西瓜霜粉和利福平胶囊于嘴巴内，1天两次，直到舌头、牙龈和嘴巴内白色小泡、小出血的点消失，无明显外伤的涂抹两天即可。

② 用中草药扛板归煮水用一半冲洗病狸口腔，一半拌入精料投喂。

③ 养殖场所有竹狸采用中草药鱼腥草煮水拌料一天喂1次，连用两天。

二十九、流口水病

【病因】不是水泡性口炎也大量流口水。

【治疗】多效强抗体（黄芪多糖）＋双黄连注射液。在竹狸后腿内侧肌肉注射，每天1次，连注射2天。

三十、心力衰竭猝死

【病因】热应激反应造成心力衰竭而猝死。

【症状】强壮的公狸高温天气配种后很快死亡，多发生于重复交配多，精神过度活跃，体力消耗过大，产生热应激反应，造成心力衰竭猝死。高温高热天气因中暑也可引起。

【预防】公狸高温天气配种前要加喂葡萄糖和维生素C，两次交配时间要间隔3小时以上，每天配种不超过3次，配种环境注意降温。高温高热天气要注意通风散热，运输竹狸要避免阳光直射。

三十一、竹狸脚骨折与扭伤

【病因】造成竹狸骨折和扭伤的原因很多，有时竹狸的脚被绊倒而受伤引起，特别是后脚最容易发生。还有，为了让竹狸保暖，在窝室内放入一些毛巾类的东西，因为毛巾上面有很多的网孔，会很容易勾到竹狸的脚使其受伤。另外竹狸的爪子的长度会一直长出来，太长的话也很容易受伤。从高处落下或是和同伴之间打架也都可能造成竹狸的扭伤或骨折。

【症状】竹狸骨折或扭伤的症状是受伤的脚会一直抬高而不着地面，走路的时候也一样，动作变得很奇怪。

【治疗】

① 外伤出血，先将伤口消毒与止血。

② 骨折与扭伤处涂消肿止痛酊，病狸会慢慢康复。

三十二、竹狸换牙期特别护理

【病因】幼狸牙齿脱落，是生长发育的正常现象。

【护理】

① 用酒精药棉涂擦2～3次，2～3天新牙长出。

② 换牙期，用米饭拌颗粒饲料（小鸭料）饲喂，直到新牙出齐。

三十三、普通病毒感染

【症状】竹狸不明原因反复发烧，体温高达 39～40℃，病狸困倦，精神不佳。用头孢治疗无效，血液化验体内白血球不增加，说明不是细菌性疾病，而是普通病毒感染。

【治疗】人用的感冒冲剂、抗病毒口服液、阿莫西林、布洛芬共 4 种药（有哮喘的加酮体芬共 5 种药）混合使用。用量按照说明书，成人用量的 1/10～1/5，小孩用量的 1/2。混合后，加入少量温开水拌入精料中喂竹狸。每天 1～2 次，连用 2～3 天。

三十四、犬瘟热

【病因】本病是由犬瘟热病毒引起的急性、热性、高度接触性传染病。竹狸患犬瘟热是由病犬和健康带毒犬传染的。

【症状】本病主要特征是体温呈双向型，即病初体温高达 40℃左右，持续 1～2 天后降到正常，经 23 天后，体温再次升高时，少数病狸已经死亡，活着的病狸出现咳嗽、呕吐、眼屎多，先便秘后腹泻。

【治疗】强效头孢＋多效强抗肌肉注射，同时剪刀尾放血。这是犬瘟热特效的治疗方法，早期用药效果好。

三十五、竹狸细小病毒病与犬瘟热混合感染（拖后腿病）

【病因病状】2011 年春夏，各地竹狸养殖场发生一种怪病，俗称竹狸拖后腿病。症状表现：前期，竹狸进食量逐渐减少，粪便不正常像拉稀或肠胃炎症状。中期，竹狸后体麻痹，尿湿下腹部，后腿不能直立，靠前脚站立拖着后腿行走，还能够进食。病后期，发出一种怪叫声，痛苦呻吟，臀部发抖打颤。坚持不到一个星期就死亡。根据发病猛烈，死亡率高的特点，可以初步断定是细小病毒病与犬瘟热混合感染。

竹狸高效养殖与加工利用一学就会

【防治方法】

1. 一般性预防

① 不从病场引入种狸。必须引入种狸的应隔离检疫 1 个月以上才能合群。

② 尽量不让外来人员和狗等进入竹狸场内。搞好清洁卫生和定期消毒。

③ 发生本病时，应向当地兽医部门报告，并采取紧急措施：隔离、消毒、封锁；病死竹狸焚烧或深埋。病区严禁出售竹狸和引入种狸。

④ 留种竹狸在 1 月龄左右接种本病免疫血清，每只注射 0.2 毫升，4～5 月时再进行一次加强免疫，每只剂量为 0.5 毫升（这种免疫血清当地市级兽医站实验室可自制）。

2. 紧急接种控制疫病流行

近年来，随着养竹狸数量增加，在我国南方一些地区曾爆发过本病，可采紧急接种组织自制灭活疫苗。自家灭活疫苗的具体制作、使用方法是：由当地市级兽医站实验室采取本地区的典型病料组织（即病死鸽的脑、肾、脾、肝等脏器），用电动捣碎机充分捣碎，加 5 倍量生理盐水稀释后过滤，再加入 0.2%～0.4% 的福尔马林，置于 30℃ 左右恒温箱中灭活 24 小时以上，期间每间隔 2～3 小时充分摇动一次，经无菌检查和安全检查合格后装瓶、封口即可使用。每只竹狸肌肉注射 1 毫升。注射后 10 天疫情被明显控制，20 天后竹狸场恢复正常。

3. 发病早期治疗

同犬瘟热。

三十六、竹狸产后瘫痪

【病因】因怀孕期饲料中钙、磷不足，高产母狸将自身骨头中的部分钙、磷分解出来供胎儿发育需要，造成后肢骨质疏松而致病。

【症状】有病母狸后肢脚软，不能站立。如同前面提到的拖后腿病一样，但它后躯不麻痹，无尿液浸湿下腹部。

【治疗】

① 葡萄糖酸钙 1 支（10 毫升）拌精料喂病狸，每天 1 次，连喂 5～7 天。

② 骨粉或蛋壳粉炒香研碎，每日 3 克，拌精料喂病狸，连喂 5～7 天。

三十七、竹狸产后子宫脱出

【病因】有的母狸产第一胎时，由于用力过度，导致产后子宫脱出，如未及时发现，子宫会发黑并发出难闻气味，最终母狸会将其咬断，从而这只母狸失去繁殖能力。

【急救方法】如产后两三天内不断听到仔狸因无奶吃，发出叫声：这时就应该检查一下母狸的状况了，确定为脱宫后，有两种方法治疗。

第一种，用黄豆炒熟后放到猪胆泡里面让炒过的黄豆吸收猪胆的汁液，半小时后拿出稍晾干便磨成粉掺到食料里喂食，两到三天后子宫会自行纳入体内。

第二种，发现脱宫后，用清凉油每天涂抹宫头三到四次，涂抹后母狸会不断的舔弄，几天后也会慢慢恢复。

值得注意的是，以上方法适合产后三天左右的，如产后四天以上才发现的话，治好的可能性就很少了，只能作外伤处理，医好后当肉狸出卖。

三十八、竹狸身上脱毛

【病因】身上脱毛有两种情况，一是有体外寄生虫，破坏了真皮下的毛囊，使毛自然脱落。二是缺乏矿物微量元素，特别是硫，会使竹狸互相啃吃身上的毛。

【治疗】

① 有体外寄生虫的可用 5％敌百虫酒精溶液涂擦将虫杀死。

（5％敌百虫酒精溶液配制法：取95％浓度的医用酒精75毫升，加25毫升冷开水，再加0.5克1片的兽用敌百虫片共10片，溶解混合即成。）

② 缺乏矿物微量元素的在精料中添加矿物质，一般采用畜用生长素再加2％～3％的生石膏粉。

三十九、竹狸身尾巴脱皮

【病因】竹狸尾巴脱皮是营养缺乏，特别是某些维生素缺乏，引起皮炎，造成上皮细胞脱落。

【治疗】增加营养，在饲料中加复合B族维生素溶液。

四十、竹狸脱肛

【病因】是由慢性病引起全身性虚脱，肛门收缩无力，排粪时使肛门外翻造成。

【治疗】

① 停止饲喂粗料，减少排粪；

② 用千分之一高锰酸钾水洗净脱出的直肠转送进肛门。同时用封闭疗法：浓度50％的酒精或50度三花酒2毫升在肛门周围分对称的三点注射，使其发生肿胀，阻止直肠脱出。

四十一、维生素A缺乏症

【病因】维生素A缺乏症是以引起上皮细胞角化为特征的一种疾病，竹狸易患此病。饲料中维生素A达不到竹狸的需要量，或日粮由于储存过久、氧化、腐败变质及调配不当等使其维生素A遭到破坏，或因竹狸消化道疾病影响维生素A的吸收，是引起本病的主要原因。

【症状】本病主要表现在皮肤和黏膜角质化。银星竹狸患此病时，发生神经纤维髓鞘磷脂变性，母竹狸发生滤泡变性，公竹狸曲细精管上皮变性，从而导致竹狸的繁殖机能降低。

幼竹狸和成竹狸临床表现基本相同，一般当维生素 A 不足时，经过 2～3 个月出现临床症状。其早期症状是神经失调，抽搐，头向后仰，病竹狸失去平衡而倒下。病竹狸的应激反应增强，受到微小的刺激便高度兴奋，沿笼转圈，步履摇晃。仔竹狸肠道机能受到不同程度的破坏，出现腹泻症状，粪便中混有大量黏液和血液；有时出现肺炎症状，生长迟缓，换牙缓慢。

【病理解剖变化】死亡尸体一般比较消瘦，贫血。仔竹狸常有气管炎、支气管炎。幼竹狸也常发现胃肠炎变化，胃内有溃疡，肾和膀胱发现有结石。

【诊断】对病竹狸血液和死亡动物的肝脏进行维生素 A 含量测定，亦可在日粮中加喂维生素 A 进行治疗性诊断来确诊。

【防治】预防本病的发生首先应保证日粮中维生素 A 的供给量，注意饲料鱼肝油的供给。治疗本病可在饲料中添加维生素 A，治疗量是需要量的 5～10 倍，竹狸每日每只 3000～5000 国际单位。

四十二、维生素 E 缺乏症

维生素 E 是几种具有维生素 E 活性的生物酚的总称。主要功能是作为生物抗氧化剂。当竹狸维生素 E 不足时，会引起繁殖机能失调。

【症状】母竹狸缺乏维生素 E 时，表现发情期拖延、不孕和空怀增加，生下的仔竹狸精神委靡、虚弱，无吮乳能力，死亡率增高；公竹狸表现性欲减退或消失，精子生成机能障碍。营养好的竹狸脂肪黄染、变性，多于秋季突然死亡。

【防治】预防本病，要根据竹狸的不同生理时期提供足量的维生素 E，在饲料不新鲜时，要加量补给维生素 E。

治疗本病时，首先要补充维生素 E，每千克体重 5～10 毫克，并可选加下列处方的药物：

① 维生素 B_{12}，每千克体重 50～100 毫克。

② 青霉素，每千克体重 10 万～20 万国际单位。

③ 乳酶生每千克体重 0.2 克，拌入饲料中。

四十三、维生素 C 缺乏症

当竹狸缺乏维生素 C 时，常引起仔竹狸的"红爪病"。

【症状】当怀孕母竹狸在妊娠期缺乏维生素 C 时，多引起出生仔竹狸患红爪病。1 周以内的仔竹狸患红爪病，其特征性症状是：四肢水肿，皮肤高度潮红，关节变粗，趾垫肿胀变厚，尾部水肿。经过一段时间以后，趾间溃疡、龟裂。如妊娠期母竹狸严重缺乏维生素 C，则仔竹狸在胚胎期或生后发生脚掌水肿，开始时轻微，以后逐渐严重。生后第二天脚掌伴有轻度充血，此时尾端变粗，皮肤潮红。患病仔竹狸常发出尖叫，到处乱爬，头向后仰，精力衰竭。

【防治】预防本病要保证饲料中维生素种类齐全、数量充足。在喂不新鲜的青饲料时，一定要补加维生素 C 精制品，每日每只 20 毫克以上。维生素 C 在高温时易分解，一定要用凉水调匀。母竹狸产仔后，要及时检查、如发现红爪病患竹狸，应及时治疗。投给 3%～5% 维生素 C 溶液，每日每只 1 毫升，每日 2 次。可以用滴管经口投入，直到肿胀消除为止。

四十四、B 族维生素缺乏症

竹狸 B 族维生素缺乏症（易发生的有维生素 B_1、维生素 B_2、维生素 B_6、维生素 B_{12} 缺乏），其病因除饲料中含量不足外，饲料中脂肪氧化、饲料储存时 B 族维生素被破坏和损失等也是主要原因。这些原因适用于以下的 B 族维生素缺乏症。

（一）维生素 B_1 缺乏症

【病因】维生素 B_1 缺乏症的病因除了上述几点外，长期饲喂含有破坏维生素 B_1 的硫胺素酶的淡水鱼或某些海鱼，或以酵母作为饲料中 B 族维生素来源的日粮（酵母虽然含有丰富的 B 族维生素，但维生素 B_1 并不多），易引起本病发生。

【症状】当饲料中维生素 B_1 不足时，经 20～40 天就引起本病的发生。患本病的动物出现食欲减退或消失，大量剩食，身体衰弱，消瘦，步态不稳，抽搐、痉挛，如不及时治疗，经 1~2 天死亡。严重缺乏维生素 B_1 时，神经末梢发生病变，组织器官发生障碍，病竹狸体温下降，心脏机能衰弱，厌食、废食，消化机能紊乱等。母竹狸维生素 B_1 不足时，可使妊娠延期，空怀率增高，产下弱仔等。

【防治】预防本病发生，饲料中要保证维生素 B_1 的含量。

本病早期发现可用维生素 B_1 进行治疗，并且在饲料中添加酵母，增加富含维生素 B_1 的饲料。银星竹狸每日每只喂给维生素 B_1 8~10 毫克，持续 10~15 天。当出现神经症状并拒食时，可用维生素 B_1 针剂注射 0.5~1 毫升。

(二) 维生素 B_2 缺乏症

【症状】维生素 B_2 缺乏时，会引起动物皮炎，被毛脱色，生长缓慢。还常引起神经机能破坏，步态摇晃，后肢不全麻痹或麻痹，痉挛及昏迷状态。心脏机能衰弱。全身被毛脱落，毛绒脱色，母竹狸发情推迟，还会发生不育症，新生幼竹狸发育不全，腭裂分开，骨缩短。仔竹狸出现无毛或哺乳期呈灰白色绒毛。5 周龄仔竹狸完全无被毛并具有肥厚脂肪皮肤，运动机能衰弱，晶体浑浊，呈乳白色。

【防治】发病的竹狸可每日每只喂给核黄素 3~3.5 毫克，同时要改善饲养管理，增喂酵母。饲料如脂肪量高时，要增加核黄素供给量。对妊娠和哺乳期的母竹狸，每日每只还要增加核黄素 2.5 毫克。

(三) 维生素 B_6 缺乏症

本病多在竹狸繁殖期发生，当维生素 B_6 不足时，公竹狸出现无精子，母竹狸引起空怀或胎儿死亡，仔竹狸生长发育迟缓。因此，一旦饲料中缺少维生素 B_6，就会给养竹狸生产造成很大损失。

【症状】患病竹狸食欲减退，上皮细胞角化，发生棘皮症者后肢出现麻痹，小细胞性贫血；妊娠母竹狸空怀率增高；产出的仔竹狸死亡率增高；公竹狸性机能消失或无性反射，无精子；公竹狸睾丸明显缩小，睾丸内变性；仔竹狸表现生长发育迟缓；母竹狸表现发情和妊娠推迟。

【防治】

① 维生素 B_6 的量每 100 克干物质中不少于 0.9 毫克，或每 418 千克饲料中为 0.25 毫克。

② 发现患病竹狸，要及时用维生素 B_6 制剂进行治疗。发情期用 1.2 克，每日 1 次；被毛生长期用 0.9 毫克；生长期用 0.6 毫克，可拌在饲料中给予。如果是针剂，可按比例计算用量进行肌肉注射。

（四）维生素 B_{12} 缺乏

维生素 B_{12} 缺乏或不足，可引起竹狸的贫血。饲料中缺乏维生素 B_{12}，成年竹狸经 36 周，幼竹狸经 15 周便出现缺乏症。

【症状】病竹狸表现为血液生成机能障碍性贫血，可视黏膜苍白，食欲废绝，消瘦，衰弱。如在妊娠期发生，仔竹狸死亡率高。银黑竹狸发生本病，表现全身性贫血，黏膜苍白，仔竹狸发育不良，实质器官萎缩、变小，肝脾边缘变薄。

【防治】

① 预防本病，饲料中维生素 B_{12} 要按标准供给，即每 418 千克饲料中维生素 B_{12} 含量为 1.5～2.5 毫克。

② 用维生素 B_{12} 治疗本病时，用量为每千克体重肌肉注射 10～15 毫克。1～2 天注射 1 次，治愈为止。

 第三节　EM 菌原液的简易生产与用法

EM 活菌制剂是由光合菌、乳酸菌、酵母菌、放线菌、醋酸杆菌 5 科 10 属共 80 多种好氧的和厌氧的微生物组合形成复杂而稳定的微生态系统。其中光合菌能分解粪臭素，抑制氨气排放；放线菌能阻断粪臭素的生成，最大限度地减少畜禽粪尿的臭味，明显地抑制蚊蝇的滋生。鸽喂 EM 菌原液饲料或饮料不仅能提高繁殖率和产量，而且能减少鸽舍臭味，改善狸场卫生条件。鸽场使用 EM 菌原液 1 个月后，恶臭气味浓度下降 90%，蚊虫、苍蝇减少了 85%。在鸽舍按每立方米空间喷 20 克 EM 菌原液，能防止有害气体产生，使各种有害气体浓度下降到符合卫生标准。实践证明 EM 菌原液在促进生长、防病抗病、提高成活率、除臭杀菌去病毒、改善品质、生产无公害产品等方面有神奇功效。采用 EM 菌原液可降低养殖成本，减少或不用抗生素药品，生产出无药害的安全、合格乳鸽。

一、简易生产方法

（一）场地设备

生产场地可选择光线较暗的室内，或能遮光的楼上阳台。主要生产设备是容量 50 千克或 25 千克的有盖蓝色不透明无毒的塑料桶、提水桶、塑料瓶、锅和量杯。

（二）生产原料

EM 菌种（原露）、红糖、干净的井水或自来水。

（三）发酵方法

以生产 50 千克为例，先将容量 50 千克塑料桶洗干净，加入干净生水 45 千克到桶内静置 24 小时备用，再将 2 千克红糖溶于 4 千克热水中，冷却至 35～37℃后加入 EM 菌种 2 千克，密封 2 小时使菌种活化，然后再倒入大塑料水桶中盖上桶盖，不必完全密封。让其在半密封状态下发酵。在发酵期间要注意开盖观察，发酵到第 4 天，水面会出现泡沫，到第 10 天泡沫消失，水面浮起一片悬浮物，15 天后悬浮物沉入桶底，发酵结束。一般气温在 30℃以上，发酵 15～20 天完成，温度在 30℃以下，发酵时间要延长到 25～45 天才完成（比原来资料介绍的时间要长得多）。

（四）EM 活菌剂质量检测方法

① 看颜色：正常为棕黄色，若变乳白色，说明发酵失败。

竹狸高效养殖与加工利用一学就会

② 闻气味：有较浓的酸甜味，没有酸味或变味说明变质。

③ pH 值：用试纸检测 pH 值在 3.2～3.8 之间达标，若 pH 值未达标，说明发酵时间不够或红糖放得少，必须加糖继续发酵。

④ 把 EM 菌原液装入一个矿泉水瓶中，装到大半瓶就拧紧瓶盖，用力摇几下，如果瓶中有大量气体，说明发酵成功，没有气体说明发酵失败。瓶里出现些悬浮物，属于正常现象。

(五) 贮存使用注意事项

① EM 活菌制剂要保存在不透明的容器内，保存期为 6 个月。如用透明塑料瓶装，很快会变质。自产 EM 菌原液用做 2 级菌种使用期为 3 个月，用于养殖业使用期为 6 个月。

② 长时间不使用，要放在阴暗干燥处半密封保存，若完全密封保存时间过长，气味会发生变化，影响质量。

③ 一次引种，可连续不断生产使用。在生产过程中，应注意不断提纯复壮菌种。没有提纯复壮能力的，一般连续接种生产 4～6 代以后就要更换新菌种。

④ EM 菌原液在生产和使用过程中，不能接触任何抗生素药品。养殖使用抗生素药品，用 EM 时要注意间隔期。

二、使用方法——用 EM 菌原液去霉，除臭，防病，促长

实践证明 EM 在促进生长、防病抗病、提高仔狸成活率、除臭杀菌去霉、改善品质、生产无公害产品等方面有神奇功效。采用 EM 菌原液可降低养殖成本，减少或不用抗生素药品，生产出无药害的安全、合格食品。现将 EM 菌原液用法介绍如下：

(一) EM 菌原液直接饲喂法

按精饲料量的 2% 取 EM 菌原液，兑水 3 倍直接喷入饲料中，边喷洒边搅拌，拌匀后即可饲喂。喂 EM 菌原液饲料后，竹狸拉稀与顽固性下痢基本根除。

（二）用 EM 菌原液喷青粗料喂竹狸

EM 菌原液在红糖水中发酵 2 小时后对 50 倍冷开水，喷采回来的青粗料，边喷边搅拌，使 EM 菌原液均匀沾在粗料上，晾干后投喂，竹狸采食快而干净，青料利用率提高 20% 以上，竹狸消化吸收功能增强，排粪减少 1/4。

（三）用喷雾消毒

坚持隔天用 EM 菌原液 20 倍稀释液喷雾消毒（包括空气、地面、笼具、垫草消毒）不仅能消除臭味、氨味，抑制病源微生物繁殖，还可降低呼吸道疾病的发病率。

（四）霉变饲料去霉

取 EM 菌原液对水 3 倍直接拌入发霉的玉米粉中密封发酵 5～7 天，香味代替了霉味，达到品味如新的效果。

第十章
竹狸创新模式技术的应用

 第一节　让竹狸多产仔的配套技术

一、二次选种与重复配种

首先，购种时尽量选择优良个体。然后通过自繁自养，选留那些年产仔 4 胎以上，每胎产仔 4 只以上的后代，并留断奶体重超过 300 克的优良个体做种。通过二次选种，母狸繁殖率和产仔数都可提高 50％以上。母狸断奶后立即放回大池群养，让 3 只公狸轮流与其交配，达到重复配种的目的，可增加产仔数 30％以上。两项相加达到增产 80％。

二、公母比例要适当

购买 1 公 1 母种狸回来配对繁殖，小狸阶段进行配组群养。1 公配 3 母为 1 组，3 组～4 组为 1 群。根据竹狸喜欢群居的生活习性，这样多公配多母群养，很快就能适应，繁殖率和产仔数可大大提高。

三、精心保胎，适时断奶

竹狸怀孕 1 个月后，要补喂多汁鲜嫩的青饲料，产前 10 天到仔狸断奶，每天喂 20～30 克凉薯、红薯或马蹄。同时在精料中添加骨粉和多种维生素。哺乳 7 天后可直接给母狸喂牛奶。25 日龄仔狸已会吃饲料，可以提前与母狸隔离，改为人工哺乳，至35天断奶。

四、精心配料，保证营养

原来驯养野生竹狸只考虑保持原生态，设计的饲料配方营养水平较低；推测竹狸在洞穴生活，不需喂水；加上投喂饲料过干，消化吸收困难，使竹狸获得营养更少。所以生长缓慢。改进措施如下。

① 精料配制营养全面、平衡，矿物微量元素、多种维生素用量要比原来加大1倍以上。

② 精、粗料搭配比例，原来书上编写有误，应按实际用量算：每日精料40～50克，粗料200～250克。

③ 配制成颗粒料，干喂，增加喂水，帮助消化。

④ 仔狸哺乳期为35天 前25天由母狸哺乳，后10天改为人工哺喂牛奶。

⑤ 每天要供应粗料2～3种，共200～250克。精料（一般采用全价种鸡料）40～50克。精料拌稀饭加点盐和矿物质饲料添加剂。粗料要求60％是新鲜的。喂干粗料先用EM菌原液稀释液浸软。严禁喂发霉变质的饲料，否则竹狸的生长发育和繁殖会停止。

五、青粗料充足，鲜嫩青料不间断

竹狸喜吃植物性食物。白天躲在洞里啃食，若投放的粗料少，竹狸常有饥饿感，即使精料充足也会影响繁殖。所以一般下午下班前投喂青粗料，到第二天早上清扫窝室时，若还见有少量剩余的鲜青粗料，才算供料合理；如果池内只见些啃不完的老竹竿（那是供竹狸磨牙的，营养价值很低），说明青粗料不足。鲜嫩青料供应不足，竹狸采食不饱，繁殖也会延期或停止。

六、补喂竹狸复合预混饲料

将该料按5％加入精料拌匀饲喂，使竹狸营养全面、平衡，可

竹狸高效养殖与加工利用一学就会

增加年产窝数和每窝产仔数。

七、清洁卫生，窝池干爽

有些专业户饲养竹狸，不注意清洁卫生，竹狸的窝池潮湿阴冷，竹狸几乎找不到干的地方睡觉。这样下去，饲料再好也难配种繁殖。

八、环境安静，温度适宜

搬动、喧哗、强光和噪声刺激，人为惊扰等，竹狸都会停止配种一段时间，即使能配种，受孕率也很低。竹狸繁殖适宜的温度是 8～28 摄氏度，遇高温天气时，可采取适当的降温措施，使其正常繁殖。当气温高于 34 摄氏度，要采取综合的降温保护措施，否则母狸会口渴、吃仔或中暑死亡。气温低于 7 摄氏度时，产仔室和保温槽上面加盖板保温，产仔室和保温槽内的垫草要加到 6～10 厘米厚，这样冬天产仔才能确保成活。

 第二节　竹狸高产创新模式生产流程的设计

竹狸高产创新模式生产流程技术路线：母狸尽量选择生产周期短的个体→每胎多产仔、产大仔的培育→母狸优中选优→控制母狸产仔性别→优于生态，营养平衡→精细目标管理。

一、母狸尽量选择生产周期短的个体

42 天怀孕＋25 天哺乳＋3 天配上种，繁殖周期共 70 天×5 胎＝350 天，实现 1 年产 5 胎的目标。操作要点：母狸孕期尽量短；仔狸 15 天学吃，开始补喂奶粉或牛奶；母狸哺乳 20 天开始注射同期发情药物；仔狸 25 天提前断奶，同时将母狸移到大池群养，让公狸轮流交配；仔狸提前断奶后，加喂奶粉和多种维生素，获得比母狸哺乳更多的营养，所以仔狸会长得更快。

二、每胎多产仔、产大仔的培育

1. 用基因移植法

将小母鼠的多产基因通过杂交移植给大母狸。

2. 用获得多产基因的大母狸和大公狸重配、复配

通过这样优势组合，可以繁殖出又多又大的后代。

三、母狸优中选优

选择会带仔，勤哺乳，繁殖成活率高的母狸，要求产仔成活率95％以上。

四、控制母狸产仔性别

广西良种竹狸培育推广中心2011年12月公布1项研究试验成果：运用生物工程，改变常规饲料配比（不添加任何药品），就可以控制母狸产仔性别。广泛推广应用这项成果，不用增加种狸存栏数，只是改变种群性别比例，年产仔数量将提高1倍以上。

五、优于生态，营养平衡

按120天体重全部达到1500～2000克来设计饲料配方。把竹狸原来养满6个月才长到2000克体重所用的精饲料，减去2个月维持承受生命的基础饲料，将余下2个月的长膘饲料加到新设计4个月出栏的饲料配方里，让竹狸4个月吃完原来6个月的长膘饲料，使竹狸4个月就能长到原来是6个月才能达到的体重。这样，商品竹狸可以提前2个月出栏，又节省2个月基础饲料。这就是商品竹狸饲养4个月可以长到2000克的物质基础和理论依据。

六、精细目标管理

分阶段制定出生产目标，再分段突破。总的要求是仔狸育成率95％以上。

这样，年产5胎，平均每胎4个仔，总产20个仔；哺乳期损失5％，育成期损失5％，可实得18个竹狸。这是很高的生产水平了，采用这个技术标准，大生产可按每只母狸年产15个商品狸来设计，留有3个作为超产指标。

 ## 第三节　解读《小草食动物生态农庄规划图》（见文前彩页）

一、产业链的特点与优势

1. 这是一条闭环式农业（养殖）生态产业链

在产业链里上一环节产生的废物变成下一生产环节的生产资源。实现一次投入6次产出。循环利用，周而复始。生产成本在不断利用中下降，资源在重复利用中不断升值。经过重复生产利用，又使环境得到净化，生态达到平衡。在生产过程中，突破了传统生态农业的框框，拉长了农业产业链，培育了新市场，使原有产品大幅度升值。

2. 产业链选的品种都是成熟的技术

竹狸和黑豚具有滋补、美容、抗衰老功能。火鸡是正在兴起的新潮食品。用它们来开办美食城和炖品店具有很大的优势，继而发展连锁园、连锁城、连锁店，市场前景广阔。

3. 国家高度重视生态循环经济发展

各省、区、市领导与农业部门，在学习、落实科学发展观中都在寻找和试办产业链生态园的典型，正在选择生态农业产业化发展的突破口。因此，这个项目本身就具备强大的生命力和示范推广价值。做好了，不仅是农业旅游观光点的热点，更是体现地方政府政绩的"名片"，会引起轰动效应。

二、产业链种养品种选择 4 大原则

本产业链以竹狸为主，结合黑豚，多种经营。可因地制宜，根据市场需求适当调整，但必须遵循 4 大原则。

① 是特种种养的精品、奇品；保健、食疗、观光一体化。

② 是草食节粮、资源节约、再生环保型的。

③ 产业化技术条件成熟，易于在城镇和农村推广。

④ 投入产出周期短，种养当年见效。

三、适当规模，稳步发展

规模控制从项目引入期（即起步阶段）开始，分步实施：

① 主导品种良种竹狸以 500 对为宜，结合品种黑豚以 100 对为宜。经过 1 年到 1 年半，技术、管理熟练了，滚动发展竹狸达到 1000 对，黑豚控制在 200 对（始终在主导品种 1/5）。养殖小区最高发展竹狸达到 10000 对，黑豚达到 2000 对。

② 按 11000 对竹狸和 2200 对黑豚产出的粪，来决定下一环节养殖规模，以此类推。

四、规划用地（公司示范总场用地）

① 初级阶段　产业链用地 28 亩（其中竹狸场 12 亩、黑豚场 2 亩、水产养殖 2 亩、种植 10 亩、美食城 2 亩）。

② 达到设计规模　除美食城外，其他用地按 2 倍放大，达到 52 亩左右。

③ 农户养殖小区　连片用地由农村建设按上项目要求统一解决。

五、实施项目技术支持

项目设计者是中国管理科学研究院研究员、我国著名特种养

竹狸高效养殖与加工利用—学就会

殖专家、全国农村科普先进工作者、本书主编陈梦林，他编著与本项目相关的专著有9种。

《小草食动物生态农庄规划图》是供决策参考用的，不是项目实施细则。如果决定上这个项目，可由本规划图设计者经实地考察后，结合当地情况，协助编写项目可行性研究报告和项目实施细则。

第四节　《竹狸高产创新模式实用技术一览表》说明

目前竹狸养殖发展很快，但是饲养技术标准还未制定出来。随着互联网的普及，远程教育的推广，竹狸饲养急需有技术标准来与互联网对接。笔者用了1年多的时间，考察100多个大中型竹狸场之后，才编写出这张"一览表"（见附录八）。此表2013年在《全国竹狸规模养殖推广会》上发表后，接到许多咨询电话，要求作者指导他们使用此表。在国家竹狸饲养标准颁布之前，竹狸同行已将此表当临时地方竹狸饲养技术标准使用，推动了竹狸生产发展。

一、此表专业性强，与时俱进，传承创新

此表是指导竹狸业内人士做好本职工作的"活字典"。但是，不养过几年竹狸、不关心竹狸新技术发展的人，读不懂这张表；即使是养竹狸多年的人，不经过上岗培训，也无法深刻理解、准确把握和灵活运用这张表。

二、此表包含了当前所有竹狸场获得高产的全部信息

对照此表寻找差距，每个竹狸场都可以找到努力的方向，科学地制订出适合自己的增产措施。

三、此表设计内容构成竹狸高产的系统工程

此表内容分生态标准建场、优选高产种群、营养齐全平衡、狸病防控重点、创新技术应用、员工素质培养、精细目标管理七个部分，每部分又各自由分系统组成。它们互相联系，互相制约，构成现代竹狸高产的系统工程。每个部分都有相对独立的操作方法。运用时要整体思考与局部计划相结合，全面推进与重点突破相呼应。这样，才能收到预期效果。

四、此表分基础工程、效益工程、管理执行力三部分

前3项是基础工程，基础没有打好，后面几项再努力也难奏效。4～6项是效益工程，最后第7项是提高技术管理执行力，精细管好前面6个部分。在竹狸生产中，有些是看不起眼，一般认为是无关紧要的细节，往往能决定全场的产量、效益的高低。正如有一句管理学名言所说：细节决定成败。

五、贯彻执行此表各部分应注意的问题

（一）生态标准建场

1. 竹狸场选址受地方限制

没选址就盲目建场，发现问题才请专家设计其他补救措施。这样一来，养殖成本会大大增加。

2. 建场容易忽略的问题

① 竹狸舍池设计不合理，冬冷夏热。造成夏热后产狸休产期长，冬天又会冷死初生的仔狸。

② 忽视青粗饲料供应和粪便运输下地。广西有几个大竹狸场

建设在城市，每天几车青粗饲料运进，几车粪便运出。这样一进一出，养殖成本高了许多。所以，大竹狸场建设在城市是不适当的。

③ 青年竹狸和留种竹狸放在笼里培育，不建运动场，得不到充分运动，种狸会严重退化。

（二）优选高产种群

1. 淘汰低产能个体

在一群良种竹狸中，个体繁殖性能也有差异。所以，要三分引种七分选育，随时淘汰良种狸群中那些低于平均产量的低产个体。

2. 建好运动场

在普通的商品竹狸场中有效防止种狸退化，按照种竹狸场的育种程序，是一个比较复杂的工程，一般商品竹狸场受设备和技术条件限制，很难办好。在长期生产实践中，广西竹狸良种场找到一种简易的品种选育方法，在普通的商品竹狸场中，只要建好青年竹狸运动场，就能有效防止种狸退化，选育出一代比一代强的狸种。

3. 简易选种操作方法

每年 7 月和 12 月进行两次选种，依据竹狸生产记录表，用高产的 15% 取代低产的 15%，并扩群。通过优中选优和优生优育，把竹狸群体产量维持在最高峰值上。

（三）营养齐全平衡

① 在良种基本普及的地方，竹狸营养不良是低产的主要原因。由于不舍得下料或不会配料，使得大部分竹狸场生产在低水平上运作。

② 营养不齐全，是指矿物微量元素、维生素品种不齐全，而直接影响到受孕率、产仔成活率及其生长速度。

③ 营养不平衡，是指配料随意性，不按竹狸的营养需要下料，特别是种狸繁殖期尤为突出。由于营养不平衡，使良种竹狸产仔少，生长慢。

（四）狸病防控重点

几乎所有饲养竹狸的书，都未提到狸病防控重点，这使得竹狸场管理人员竹狸书看得越多，越糊涂，不懂得竹狸疾病防控工作怎么开展。狸病防控重点就是要结合当地疫情发生情况，通过调研，选出 6 个病（其中传染病 3 个、普通病 3 个，见下述），作为竹狸场本年度狸病防控的重点。

1. 传染病 3 个

在本地区按发病损失率从高到低排在前 3 位的病是动态的，要求每年重新排一次。对这 3 个病要分别做好防疫紧急预案（每个病要有第一预案，第二预案），可以随时启动。

2. 普通病 3 个

在本地区按发病次数多少，从高到低排在前 3 位的病也是动态的，也要求每年重新排一次。这些反复发生的病，防治重在搞好环境、饲料、饮水清洁卫生，根除病因，同时备足药品，实行群防群治，降低发病率和损失率。

（五）创新技术应用

① 适应产业化大生产需要，驯服竹狸吃奶、喝水，是提高仔狸成活率与生长速度的有效措施，这些新技术应用的前提是以前面 3 部分为基础的，基础打不好，新技术、新科技的应用就会事倍功半。

② 给母狸提前结束哺乳期，为年产多胎争取时间；重配为提高受孕率、复配为每胎多产仔创造条件。

③ 商品竹狸提前两个月达到出栏标准，可使养殖场净增产20%；对种狸用抗衰老中草药，可使种狸利用年限延长 1 倍。由此可见，竹狸养殖依靠科技创新增产潜力是无限的。

（六）员工素质培养

1. 员工素质培养的重要性

竹狸饲养是新兴产业，是技术性较强专业。竹狸场员工素质培养，是做好本职工作的先决条件，竹狸场领导重视技术培训与否，直接影响到竹狸产量高低。

2. 培训目标

① 饲养员：熟练竹狸生产技术操作，成为高产能手。

② 技术员、技师：技术精，信息灵，善管理，会经营。提高技术管理执行力。使自己成为能独当一面的技术管理骨干。

③ 场长、经理：了解竹狸生产的《三个水平，两个差距》。锐意改革与创新，选好副手，管好人，争取获得较高的投资回报率。使自己成为创业精英。

3. 培训要与时俱进

科技不断进步，技术不断更新，培训也要与时俱进。

（七）精细目标管理

① 这部分是针对大型竹狸场产业化大生产制订的。对中小型竹狸场、竹狸合作社也有指导作用。

② 现在许多大中型竹狸场，不是没有建立规章制度，不是没有制订技术措施，而是管理不力，特别是管理执行力的缺位，产量长期上不去，这说明亟需提高管理的执行力。

六、此表具备的另外两大功能

① 实现远程技术对接指导 专家现场考察、评估过的竹狸场，将竹狸场的存在的问题记在表上，以后专家即使不到竹狸场，也可对照此表的各项技术指标，实行远程技术对接指导。甚至可以组织专家服务团队，对问题较多的大竹狸场实行签约帮扶，限期全面解决面临难题，确保竹狸场获得高产。

② 对本地区竹狸场实现联网管理 目的是使本地区竹狸生产水平大幅度提升。

 第五节 竹狸拉长产业链 10 种建设模式

以竹狸产业为龙头，将其他养殖、种植、工厂、天然山洞等编入竹狸产业化链，充分利用现有资源，发挥优势互补，实现农业生态良性循环。这样使有限的资源一次投入，多次产出；种养成本大大降低，综合经济效益大幅度提高。

一、竹狸与黑豚组合

这样组合，较好地利用场地和青饲料。饲养竹狸的大、中、小池都适合饲养黑豚。同是草食动物，竹狸吃老的根茎，黑豚吃嫩枝叶。

二、竹狸与城郊"菜篮子"工程组合

竹狸常用的饲料甜竹笋、甜玉米、凉薯、马蹄等，也是"菜篮子"工程发展的时尚特种蔬菜品种，竹狸与"菜篮子"工程组合，既可以利用种植特种蔬菜产生的垃圾（甜竹枝叶、老笋头、笋壳，甜玉米芯、玉米秸秆、玉米苞叶以及不合规格的凉薯、马蹄）来喂养竹狸，又能为城市增添一道美容、抗衰老的滋补食品——竹狸肉。可谓一举两得。

三、竹狸与竹材加工厂、竹笋罐头厂组合

我国南方有许多竹器加工厂，加工产品后产生大量竹垃圾，是制作竹狸原生态颗粒饲料的上等原料，罐头厂加工竹笋罐头后余下的老笋头、笋尾、笋壳约占竹笋毛重50％，全是竹狸的上等饲料。竹狸与 竹材加工厂、竹笋罐头厂组合，饲养竹狸的青粗料大部分可以得到解决。

四、竹狸与野猪（野香猪）组合

竹狸粪发酵后，可配制成野猪（野香猪）的上好饲料。对于边远山区尚无粉碎加工设备的野猪（野香猪）养殖户，竹狸就成为天然的粗料"粉碎机"。竹狸与野猪（野香猪）组合养殖，一料二用，优势互补，能取得事半功倍的效果。

五、竹狸与草鱼组合

竹狸粪粒是天然的颗粒饲料，可直接喂草鱼。在池塘、水库上面建房，上面养竹狸，下面养草鱼。每天将竹狸排除的粪粒清扫到水里，喂草鱼的工作也同时做完了。

六、竹狸与奶山羊组合

在加快仔狸生长速度上一条关键技术措施，是给哺乳母狸和仔狸补喂牛奶，但是竹狸场大都远离市区，很难买到新鲜牛奶，长期买奶粉，不仅价高，而且质量无法保证。在竹狸场里养奶山羊，可解决哺乳母狸和仔狸喝上鲜奶。奶山羊容易养，成本低，1只一代杂奶山羊1年可产400～600千克鲜奶。在青料充足的情况下，平均150克精料可以换得500克鲜奶。

七、竹狸与沼气组合

在深山里建竹狸场不通电怎么办？建沼气池，利用沼气能源照明是最佳选择。实践证明，竹狸粪放入沼气池发酵产生的沼气是农作物秸秆放入产气的3倍。

八、竹狸与甘蔗地（玉米地、果园）组合

有些地方农村人均只有几分地，想养竹狸实在找不到地方建场。可利用竹狸昼伏夜出，生长发育不要阳光的特点，将竹狸房建设在山坡排水良好的耕地下2米深处，地上面种甘蔗、玉米、果树，地下是竹狸房。这样，采集竹狸的青粗饲料和清除竹狸粪便下地，就是地上地下来回搬动，节省不少劳动力。

九、竹狸与糖厂组合

用糖厂甘蔗渣为主要原料，生产竹狸全价颗粒饲料的技术已

经成熟，而利用糖厂休榨期的空房组装成临时的竹狸养殖车间也很容易。这样，在糖厂休榨期间，季节工就不用回农村了，在糖厂养半年竹狸，就能得到一年的工资甚至更多。

十、竹狸与天然山洞、城区防空洞组合

这些地方冬暖夏凉很适合竹狸生长。这样选择，减少建房投资，将节约一半开支。由于冬暖夏凉，利于竹狸繁殖，母狸每年可多产1窝仔。

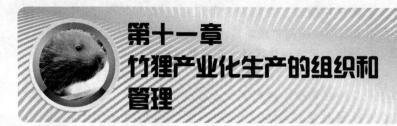

第十一章
竹狸产业化生产的组织和管理

 ## 第一节 竹狸产业化生产的组织

按我国现阶段竹狸生产水平，一般种狸达到 2000 只以上，要按产业化大生产的要求来组织管理，才能获得较高的回报率。

一、竹狸产业化生产的条件与组织形式

（一）竹狸产业化生产要具备 5 个条件

① 足够数量的优良种狸，饲养种狸数量 2000 只以上。

② 具有工厂化规模养殖的高产技术条件。

③ 一年四季有足够的青料供应。

④ 饲养员经过上岗培训。

⑤ 有较大的市场容量，或有较强的产品深加工能力与市场开拓能力。

（二）目前国内竹狸产业化生产的模式有 4 种

1. 大公司办场的模式

2000 只种鼠以上，实行高密度工厂化养殖，自产自销。

2. 公司＋基地＋农户模式

公司办若干个基地，在养殖基地周围带动一批养殖户饲养。一般是公司投资，基地育种与培训、供种并指导农户发展，再由公司回收产品。

3. 竹狸养殖合作社模式

由农村经济能人牵头办示范场，成立竹狸养殖合作社，带动

群众家家户户饲养，常年存栏种鼠总量在 5000～10000 只之间，并由示范场回收商品竹狸外销。

4. 公司办示范种竹狸场＋农户养殖小区

公司示范总场规模有 2000～5000 只种竹狸，供种并指导 30～50 农户集中在养殖小区里饲养，每户 500～1000 只种狸，小区农户养殖种狸总量达 15000～30000 只。养殖小区年产商品竹狸 11.25 万～22.5 万只。

第 1、第 2 种模式适合在城市边缘和乡镇所在地发展。第 3、第 4 种模式适合在农村发展。前 3 种模式各有优缺点，总的来说，第 1、第 2 种投入较大，但产量高，效益好。第 3 种投入少，但分散饲养，难管理，商品竹狸难回收，产值和效益也低。要提高竹狸产业化生产的效益，必须解决迅速发展又好管理这两大难题。在总结分析前 3 种模式后，创新发展第 4 种，是走农村工业化道路的便捷高效模式。

（三）农村工业化竹狸养殖示范小区的建立

通过探索，广西找到了适合自己养竹狸的发展方式。在公司＋农户的基础上再上一个台阶——建立农村工业化竹狸养殖示范小区。较好解决当前竹狸业发展面临的土地、资金、劳动管理、技术和市场等诸多难题，较快较好提高当前农村养竹狸经济效益，引领更多农民养竹狸致富奔小康！

1. 建立农村工业化竹狸养殖示范小区势在必行

按目前农村由农户自由发展，分散办竹狸场，很难提高养竹狸经济效益，而且养出的商品竹狸也难收购和集中加工。农村竹狸产业化必须由分散走向集中，走农村工业化的道路，才能上规模、出效益。

2. 养殖示范小区的建设规划

（1）主体工程

30 栋竹狸房舍，每栋饲养 1000 只种竹狸，年产商品竹狸 20 万只。小区主体工程由农民集资兴建或由公司建好后租给农民饲养。

（2）产业链配套服务工程

竹狸高效养殖与加工利用—学就会

① 2000 种狸场 1 个。

② 日产 1 吨竹狸（浓缩颗粒）饲料厂 1 个。

③ 日加工 2000 只速冻冷鲜商品竹狸生产线 1 条。

④ 外联合办 1 家《竹狸大世界美食城》。配套服务工程由公司建设经营。

3. 公司对农户养竹狸小区统一管理

公司对农户养竹狸小区按"一自主四统一"（农户养竹狸自主生产，统一优良品种，统一饲养标准，统一配送优质饲料、药品，统一商品竹狸加工外销）的模式管理，将分散的一家一户组织成现代竹狸业产业化大生产。农民像工人一样，每天到养竹狸小区"上班"，饲养属于自己的竹狸，年纯收入 20 万～30 万元。

（四）合作社与公司结成联盟共建养殖小区

这是小生产进入大市场的便捷通道。

1. 按农业订单数量来发展竹狸商品生产

商品生产的起点（市场预测）和归宿（产品投放）都在市场。发展农业商品生产必须转变观念，面向市场，适应市场的需要，才会获得生存发展。现在农业订单要求农产品数量较大，一家一户产品少，不能签单，不好卖。当前在农村发展农业商品生产一定要联合起来，统一品种、统一标准、统一规格，走一村一品、一乡一品的道路，产品多了，拿到农业订单才好卖。沿着这一思路发展，才能把产业做大做强。

2. 按超市和出口产品的标准产出绿色、生态、安全、合格食品

订单农业对产品有较高、较严格要求，只有按超市和出口产品的标准，产出绿色、生态、安全、合格食品才能成交。仅靠农户与合作社的经济实力和技术，其农产品还进不了大市场的。而公司有能力拿到农业订单进入大市场却收购不到合格的产品。公司只有与合作社签约，发放竹狸种苗，保价回收产品，建立起互相依存，共同发展的产业联盟，在养殖示范小区里统一品种、统一标准、统一规格、加强管理才能产出合格的产品。农户分散养

殖的竹狸产品，通过公司接下的农业订单顺利进入大市场。

二、产业化生产工作程序与操作方法

1. 工作程序

决定饲养规模→选择场址→提出可行性报告→专家审定通过可行性报告→到办得好的几家产业化的竹狸场实地考察→决定购种的竹狸场→派饲养员去跟班学习（或参加养竹狸学习班后再到竹狸场跟班学习）→进行竹狸场设计与建设→完成基本建设、购进笼具→批量引进种竹狸（一般分2～3次引种）→对新进种竹狸进行防疫消毒→在专家指导下建立严格的科学饲养管理制度→批量产出竹狸后→发展分公司或竹狸产品深加工→用优质竹狸产品参与市场竞争。

2. 操作方法

① 组建办场班子（包括领导和科技人员）。

② 经过实地考察写出可行性报告。

③ 分析、论证可行性报告。

④ 科学建场。

⑤ 送饲养员到大型竹狸场跟班学习。

⑥ 技术人员参与下选好种竹狸。

⑦ 养好预备种竹狸；各项技术措施逐步到位。

⑧ 专家指导下培育高产种群。

⑨ 建立办场目标管理责任制，把年目标分解为月目标，限期实现。

⑩ 做好产品市场定位与产品深加工，把竹狸产业化生产提高到一个新的水平。

第二节　竹狸场目标管理十大指标

大中型竹狸场实行目标管理各项指标参考数据如下。

1. 狸舍合理布局

① 两栋狸舍间距离至少3米，或通风透光良好。

② 种狸舍：舍内建双层竹狸池为宜。下层饲养繁殖种狸，上层饲养断奶离窝幼狸。

③ 商品狸舍：在 1 栋狸舍中分 1 半用于饲养商品狸。

④ 每栋狸舍设计为 1 个饲养员（或 1 户）饲养。

2. 饲养员素质

技术培训 5～7 天，跟班试养 20～30 天，考试、考核合格，取得培训合格证书，持证上岗。

3. 饲养员养竹狸数量确定

① 自己采集青料加工，技术熟练的一人饲养种狸 500～600只，不熟练的 200～300 只。

② 有专人采集青料加工，饲养员只负责投料、清洁和管理，技术熟练一人饲养 600～1000 只，不熟练的 400～500 只。

4. 饲料标准

① 平均每只成年竹狸 1 天用精料 40 克，新鲜青粗料 250 克。

② 商品狸育肥每只日用精料 60 克，新鲜青粗料 150 克。

5. 供水原则与数量

① 喂精料较干，新鲜青料中又缺水的必须补喂水。

② 竹狸日需水量为 50～80 毫升。缺水严重母狸会吃仔。

6. 繁殖成活率

① 经过优选的高产种狸群，每母狸年均繁殖 12～15 只仔。要求成活 10～12 只。

② 不经过优选的高产种狸群，每只母狸年均繁殖 8～10 只仔。平均成活 6～8 只仔，很难达到 10 只仔。

7. 发病、死亡损失率

① 发病率控制在 3% 以下。

② 死亡率占发病率的 5% 以下。

③ 非病损失率（狸害、踩死、饿死）2% 以下。

8. 仔狸与商品竹狸质量标准

① 哺乳母狸产仔后 7～25 天补喂牛奶，仔狸 25 天离窝，改为人工哺乳，35 天断奶。断奶体重达到 250～350 克。

② 商品狸 100 日龄开始催肥。催肥 20 天后满 4 个月出栏体重达到 1500～2000 克。

9. 药品消耗（不含生长素、多种维生素及矿物营养添加剂）

① 每只种狸年耗药品、防疫费平均控制在 1.5 元以内。

② 繁殖每只仔狸增加药品、防疫费 0.5 元。

③ 培育 1 对预备种狸增加防疫费 1.5 元。

10. 选种要求与使用年限

① 优良种狸要求遗传性能好，肥瘦适中，良种特征明显（无杂毛，早熟、高产，会带仔，耐粗饲，抗病力强）。

② 预备种体重范围：留种幼狸 35 日龄体重达 300 克左右；5 月龄青年预备种狸体重 1250～1400 克之间。

③ 繁殖种狸用年限为 2～4 岁，5 岁以上，繁殖率下降，要逐步淘汰。

第三节　提高竹狸商品生产经济效益综合经验

产业化发展竹狸商品生产，是为适应技术、信息和市场的竞争环境。掌握了竹狸科学饲养技术，获得了高产，并不一定就能赚钱。还必须利用信息、研究市场、参与市场竞争，扩大市场占有率，使产品供不应求才能获得较高的经济效益。综合国内一些养殖大户成功的经验，概括为如下 16 点。

1. 向优良品种要效益

按目前农村养竹狸水平，饲养良种银星竹狸与原来的银星竹狸相比，提高经济效益 1 倍以上。同样是良种竹狸，优良品种比一般良种效益再提高 30％左右。目前一般良种竹狸场提供的种狸，品种混杂严重，良种的生产能力已经逐步下降，购种者要特别注意。只有买到真正的优良品种，才能实现上述的经济效益。

2. 向选育高产种群要效益

高产种群只能选育，不能购进。因为大群引种，购买回来的种狸，虽然是优良品种，但个体之间生产能力还是有差别的，高产的竹狸个体每对种狸年育成仔狸达15只以上，低产个体每对年育成仔狸只有6～7只。在同一品种中不断选择优良个体和对优良种狸不断进行提纯复壮，这样选育高产种群，使竹狸群向优中之优发展。高产种群比一般优良品种生产能力可再提高30％～50％。

3. 向高产种群的繁殖高峰期要效益

种狸的繁殖高峰期是2～4岁，到第五岁以后繁殖能力就逐步下降。虽然优良母狸5～6岁仍能产仔，但其繁殖能力只有2～4岁的1/3～1/2。所以，高产种群要加快淘汰和更新。只有使高产种群保持在繁殖高峰期限内，才能取得优质高产。

4. 向饲料合理搭配要效益

按科学饲养要求，竹狸饲料由四部分组成：一是精料（全价颗粒料），二是青粗料，三是多汁饲料，四是微型饲料。四种互相配合好使用，使其营养完善。目前农村养竹狸多数只喂青粗料、颗粒原粮和米糠拌饭，配方不全，造成竹狸严重缺乏矿物微量元素、维生素和蛋白质，所以营养不良、生长缓慢、繁殖低下。虽然购进良种，没有良法，良种的生产潜力就发挥不出来，这是目前农村饲养良种竹狸产量低的根本原因。

5. 向减少饲料浪费要效益

据调查统计，目前一般竹狸场饲料浪费高达35％，其中养殖池未清扫就投粗料，粪便污染占10％，精料不放水泥砖作饲料台上面饲喂，料碟放池里面，竹狸抢吃脚踩进碟子污染占10％，狸耗3％，疫病死亡损失8％，水分缺乏、消化不良浪费4％。按科学测定，一对种狸含产仔平均1个月所需精、粗饲料总量为10000克，一年用料为120千克，每对种每年浪费饲料42千克，这是一个很惊人的数字。可见，尽量减少饲料浪费，也是提高竹狸场经济效益的有效措施之一。

6. 向提高饲养员素质要效益

国内最大的竹狸示范基地目前1个人可饲养种竹狸1000只，而在广西农村绝大多数竹狸场，1个人饲养种竹狸只有100～200

只。1个人饲养种竹狸的数量相差5～10倍。不提高饲养员的技术素质，效益从何而来？

7. 向合理饲养规模要效益

饲养50对一个人管理，饲养500对也是一个人管理，劳动效率却提高了10倍。因此要因人、因地、因财力制宜，根据技术熟练程度，力所能及扩大生产规模，提高效益。但如果缺乏管理能力、技术又不熟练，则不要盲目扩大。

8. 向防疫要效益

总的来说，竹狸比其他的家畜家禽疾病少，但近年来，随着饲养竹狸规模扩大，在一些大竹狸场疾病时有发生。因此竹狸防疫绝不能忽视。要以防为主，竹狸场要严格做好隔离消毒，综合防治。种狸场一般谢绝参观，要经常对狸舍、笼具、人员手脚等进行消毒，杀灭病源。要加强观察，及时隔离病狸。做到无病早防，有病及时确诊和早治，务求仔狸成活率和商品狸出栏率均达到95%以上。

9. 向周到饲养管理要效益

饲养员必须住在竹狸场内，每天早、中、晚巡视狸舍一次，发现问题及时解决。平时要认真搞好饲料、饮水卫生，做到精心护理、按时饲喂，提高仔狸和预备种狸的成活率。时时注意狸舍环境五要素：温度、湿度、通风、卫生、密度，使竹狸在良好的环境中发挥出最大的生产潜力。

10. 向经济管理要效益

俗话讲：三分养，七分管。管理是艺术、是财富。要做好人、财、物、产、供、销的管理，其中关键是人（饲养员）的管理。饲养员的技术素质、敬业精神和商品意识决定办场的成败。要搞好劳动定额、制定奖励措施、实行目标管理责任制，最大限度激励员工的工作积极性和创造性。饲养人员不仅要熟练掌握高产技术的每一个环节，而且还要学会成本管理、经济核算，每对种狸都要进行生产能力测定，每出笼一对商品狸或预备种狸都要进行成本核算。竹狸场每天要做好生产记录，每月进行一次以效益为

竹狸高效养殖与加工利用一学就会

中心的生产情况分析，坚持不懈，就能取得经验和好的效益。

11. 向综合经营要效益

现代化的大型竹狸场，专业化程度比较高，一般不搞综合经营。但在广大贫困地区发展竹养殖业，搞综合经营是大有可为的。实行以竹狸为主，竹狸、竹狸、草鱼、火鸡、甘蔗、甜玉米、奇特瓜果联营，实行立体种养，全方位开发，竹狸粪喂香猪、草鱼，塘泥肥果园，果园调节狸舍气候。这样形成良好的生态环境，实现一地多营、一料多用、一人多管。同样的投入，经济效益可成倍增长。

12. 向产供销要效益

种狸进入正常繁殖后，就要抽一定时间跑市场，做广告，同客户广泛接触。不断拓展销售市场。既养竹狸又卖竹狸，精打细算，搞活流通，不断提高商品的知名度和市场的占有率。最终实现以销定产，甚至利用客户订金来扩大生产，把经营风险降到最低限度，高额利润才有可靠保障。

13. 向产品深加工、延伸产品功能要效益

大批量生产商品竹狸，当地市场极易饱和。大竹狸场的经营思路，不能完全寄托在销售活的商品竹狸上，要全面提高办竹狸场的效益，必须抓好竹狸产品深加工。通过产品深加工来延伸拓展产品的功能，延长销售时间，寻找理想市场，赢得更大利润。

14. 向市场竞争要效益

竞争是商品生产的自然规律。优者胜，劣者汰。要想优就得让自己的种狸、商品质量好、数量多，就得在经营上价钱合理、守信用、服务态度好，让顾客满意。同时要做好市场预测、争时间、抢速度，抓住市场机会，不断把生意做大。

15. 向技术经济网络协作要效益

养竹狸的生产条件是狸舍、设备、资金、劳力、技术、种苗、饲料、防疫、药品、销路10个要素，牵涉到各个方面。要争取地方领导（政府）支持、部门帮助、专家指导，密切横向联系，搞好公共关系，互惠互助，这样竹狸场才能发展壮大。

第十一章　竹狸产业化生产的组织和管理

191

16. 向人工生物链技术要效益

采用人工生物链技术，对传统竹狸养殖进行改造与提升。全面推行循环经济型生态农业的（4R）原则：即减量化、再利用、再循环、再思考原则。把目前的"资源——产品——废弃物"开放单线经济流程，转变为"资源——产品——废弃物——再资源化"的闭环式经济流程。具体在"甜玉米秆、甘蔗尾、牧草——竹狸养殖——废弃物 EM 处理——地鳖虫养殖——甜玉米秆、甘蔗尾、牧草"这条闭环式的人工生物链中，上一环节的废物是下一环节的生产资源。物质流动不断循环，周而复始，一次投入，多次产出。在推进竹狸产业化、增加养殖效益同时，拉长了农业产业链，创造 1 亩甜玉米（甘蔗）秸秆经过生物链转化，再造出 1 亩甜玉米（甘蔗）的经济价值。

 第四节　竹狸场建设参考数据

一、（农村）小型竹狸场建设与投资效益分析

投资 6 万元，在山林、果园中间建设 1 个 100 组（1 公 3 母为 1 组）的小型良种竹狸场，只需引进种狸 100 对，1 个人饲养。自繁自养，滚动发展，经过 1 年到 1 年半的学习、实践，到技术熟练、管理成熟时，已经扩大到 100 组（种狸 400 只）规模了。每年纯收入 23 万元（按广西 2011 年市场价计算。下同）。这是当前在广西的技术经济条件下，少投资、低风险、高效益办场的最佳选择。现将竹狸场建设与投资效益分析如下：

1. 建设投资概算

（1）竹狸池、舍建设

竹狸舍要求地势高燥，通风排水良好。竹狸场实行自繁自养，100 组种狸需要建竹狸舍 1 栋。规格：长 15 米×7 米＝105 米²（室内面积约为 100 米²），内建双层狸池。每栋可养竹狸 600 只，造价 1.57 万元。

（2）引种

竹狸繁殖很快，饲养 100 组只需引种 100 对。2 月龄种狸每对 270 元，共 2.7 万元。

（3）水电、工具、防疫消毒药品

共 0.3 万元。

（4）饲料周转金

（按 100 对 180 天，饲料费计算）约需 0.36 万元。

（5）不可预测开支

（以上 1～4 项总和×15 ％）共 0.74 万元。

合计：5.67 万元，概算取 6 万元。

2. 经济效益分析

（1）全年卖竹狸收入

300 只母狸年产仔成活（200×10）共得 3000 只，其中 50％ 1500 只（750 对）按种狸出售，2 月龄每对 230 元，收入 17.25 万元；50％1500 只按商品狸出售，每只 120 元，收入 18 万元，合计 35.35 万元。

（2）全年支出

① 饲料支出：A. 1 只种竹狸 1 天饲料费 0.2 元，1 年 73 元，400 种竹狸 1 年饲料费是 2.92 万元。B. 2 月龄种狸需吃饲料 50 天，每出栏 1 对种狸需支出 8 元，750 对共支出 0.6 万元。C. 出栏 1 只 1500 克商品狸平均饲料费 35 元，1500 只，共开支 5.25 万元。饲料支出合计 8.77 万元。

② 防疫、消毒药品：1 万元。

③ 水电等其他开支：0.6 万元。

④ 不可预测开支：（以上 1～3 项总和×15 ％）共 1.545 万元。

支出合计：11.915 万元。

（3）收支相抵：35.35－11.915＝当年可收入 23.435（万元）。

3. 办场经营提示

要获得上述经济效益，必须具备 4 个条件。

① 这是按广西良种竹狸培育推广中心示范场高标准来设计的。只有管理规范化，技术标准化，种狸、商品狸市场定位目标完全达到才能实现。仅具备技术条件，只能达到设计目标的 60％左右。

② 必须配备好高素质的饲养人员，饲养员参加培训班后，再到推广中心示范场跟班实习 20～30 天。

③ 出产 1 对 2 月龄种狸生产成本控制在 8 元以内，出产 1 只 4 月龄商品狸生产成本控制在 35 元以内。

④ 尽量减少销售中间环节。

二、（林场）中型竹狸场建设与投资效益分析

山林、果园中间建设 1 个 1000 对生态型良种竹狸场，前期只需建 1 个 350 对规模的种竹狸场，自繁自养，滚动发展，经过 1 年到 1 年半的学习、实践，到技术熟练、管理成熟时，已经扩大到 1000 对规模了。以广西为例（2012 年），这是少投资、低风险、高效益办场的最佳选择。

在投资 57 万元，3 个人饲养。第一阶段：按 350 对规模投产 1 年计算，当年纯收入 8.56 万元。（若是算上 1000 对种竹狸的固定产值，每对至少 500 元计算，就有 50 万元）。第二阶段：办场第三年纯收入 100 万元。现将竹狸场建设与投资效益分析如下。

（一）竹狸场建设投资概算

（1）竹狸池、舍建设

竹狸舍要求地势高燥，通风排水良好。竹狸场实行自繁自养，1000 对种狸需要建竹狸舍 2 栋。每栋规格：长 28 米×7.8 米＝218.4 米^2（室内面积约为 200 米^2），内建双层狸池。每栋可养竹狸 600 对，两栋可养 1200 对。全部造价 24 万元。

（2）配套建设

宿舍、饲料加工房、沼气池等 8 万元。

（3）引种

竹狸繁殖很快，饲养 1000 对只需引种 350 对。2 月龄种狸每

对 270 元，共 9.45 万元。

（4）水电、工具、防疫消毒药品

共 1.5 万元。

（5）饲料周转金

（按 350 对 180 天，饲料费计算）约需 1.26 万元。

（6）3 人工资

每人月薪 1500 元，全年工资支出 5.4 万元。

（7）不可预测开支

（以上 1～6 项总和×15 ％）共 7.44 万元。

合计：57.05 万元，概算取 57 万元。

（二）经济效益分析

1. 第一阶段

办场第二年，按 350 对规模投产 1 年计算。

（1）全年卖竹狸收入

350 对优良竹狸种年产竹狸 3500 只，1300 只（650 对）留种，可出售 2200 只，其中 60％1320 只（610 对）按种狸出售，每对 230 元，收入 14.03 万元；40％880 只（每只 1500 克，售价 120 元）按商品狸出售，收入 10.56 万元，合计 24.59 万元。

（2）全年支出

① 饲料支出：1 对种竹狸 1 天饲料费 0.2 元，1 年 73 元，350 对种竹狸 1 年饲料费是 2.555 万元；2 月龄种狸饲料消耗是种狸的 1 半，每天饲料费 0.1 元，养到得卖，需吃饲料 50 天，每出栏 1 对种狸需支出 8 元，610 对共支 0.488 万元；出栏 1 只 1500～2000 克商品狸平均饲料费 35 元，880 只，共开支 3.08 万元。饲料支出合计 6.123 万元。

② 防疫、消毒药品：2 万元。

③ 工资支出：3 人全年工资支出 5.4 万元。

④ 水电等其他开支：约 2.5 万元。

⑤ 不可预测开支：（以上①～④项总和×15％）共 2.403 万元。

合计支出：18.426万元。

（3）收支相抵

24.59万元－18.426万元＝6.164万元，即为当年的收入。

2. 第二阶段

办场第三年，技术熟练，产量提高了，按2000只种狸计算，种群构成分为两种：原来350对配对不变，后来留种的1300只按1公2母配组，共得433组。这样，母狸（350＋433×2）达到1216只，按每只母狸年产12个仔计算。

（1）全年卖竹狸收入

1216只种狸年产仔成活（1216×12）共14592只，其中60%8755只（4377对）按种狸出售，2月龄每对230元，收入109.425万元；40%5837只按商品狸出售，每只120元，收入70.044万元，合计179.469万元。

（2）全年支出

① 饲料支出：一是1对种竹狸1天饲料费0.2元，1年73元，1000对种竹狸1年饲料费是7.3万元。二是2月龄种狸饲料消耗是种狸的1半，每天饲料费0.1元，养到得卖，需吃饲料50天，每出栏1对种狸需支出8元，4377对共支出3.5016万元。三是出栏1只1500～2000克商品狸平均饲料费35元，5837只，共开支20.4259万元。饲料支出合计31.2275万元。

② 防疫、消毒药品：5万元。

③ 工资支出：3人全年工资支出5.4万元。

④ 扩建工程与现代交通、管理设备15万元。

⑤ 水电等其他开支：约5万元。

⑥ 管理费用：7万元。

⑦ 不可预测开支：（以上①～⑥项总和×15%）共10.294万元。

合计支出：78.92万元。

（3）收支相抵

179.469万元－78.92万元＝100.549万元，即为当年的收入。

（三）办场经营提示

① 这是按广西良种竹狸培育推广中心示范场高标准来设计的。必须配备好高素质的管理人员，只有管理规范化，技术标准化，种狸、商品狸市场定位目标完全达到才能实现。仅具备技术条件，只能达到设计目标的 60% 左右。

② 饲养早熟高产的银星竹狸品种。

③ 饲养员参加培训班后，再到推广中心示范场跟班实习 1 个月。

④ 出产 1 对 2 月龄种狸生产成本控制在 8 元以内，出产 1 只 4 月龄商品狸生产成本控制在 35 元以内。千方百计降低饲养成本。

⑤ 有足够的青粗饲料供应。

三、大型竹狸养殖基地建设与投资效益分析

（农垦，林场同下经济项目规划参考）

在山林中间建设 1 个 1 万对生态型良种竹狸场，前期只需建 1 个 3500 对规模的种竹狸场，自繁自养，滚动发展，经过 1 年到 1 年半的学习、实践，到技术熟练、管理成熟时，已经扩大到 1 万对规模了。这是在当前的技术经济条件下，少投资、低风险、高效益办场的最佳选择。

投资 540 万元，7 个人饲养。第一阶段：按 3500 对规模投产 1 年计算，当年纯收入 104 万元。（若是算上 1 万对种竹狸的固定产值，每对至少 500 元计算，就有 500 万元）。第二阶段：办场第三年纯收入 1082 万元。现将竹狸场建设与投资效益分析如下。

（一）竹狸场建设投资概算

1. 竹狸池、舍建设

竹狸舍要求地势高燥，通风排水良好。竹狸场实行自繁自养，1 万对种狸需要建竹狸舍 17 栋。每规格：长 28m×7.8m＝218.4 米^2（室内面积约为 200 米^2），内建双层狸池。每栋可养竹狸 600

对，17 栋可养 10200 对。全部造价 204 万元。

2. 配套建设

宿舍、食堂、研究开发中心、饲料厂、竹狸白条冷鲜肉、旅游方便食品加工车间、沼气池等 70 万元。

3. 引种

竹狸繁殖很快，饲养 1 万对只需引种 3500 对。2 月龄种狸每对 270 元，共 94.5 万元。

4. 水电、工具、防疫消毒药品

共 30 万元。

5. 饲料周转金

（按 3500 对 180 天，饲料费计算）约需 12.6 万元。

6. 员工工资（10 人）

饲养员 7 人，每人月薪 1500 元，全年工资支出 18 万元，管理人员 3 人，平均月工资 2500 元，全年工资支出 9 万元。员工工资全年合计 27 万元。

7. 饲料地租金

饲料地 40 亩，每亩租金 800 元，合计 3.2 万元。

8. 种苗及耕作费

甘蔗 15 亩，王竹草 20 亩，甜玉米 5 亩，甜竹 1000 株（种在耕作区和竹狸池、舍周围，不占地）。种苗及耕作费合计 1.5 万元

9. 农机具

含中型、小型拖拉机各 1 台，农用工具车、运输车各 1 辆等共30 万元。

10. 不可预测开支

（以上 1～9 项总和×15 ％）共 70.92 万元。

合计：543.72 万元，概算取 540 万元。

（二）经济效益分析

1. 第一阶段

办场第二年，按 3500 对规模投产 1 年计算：

（1）全年卖竹狸收入

竹狸高效养殖与加工利用一学就会

3500 对优良竹狸种年产竹狸 35000 只，13000 只（6500 对）留种，可出售 22000 只，其中 60％13200 只（6600 对）按种狸出售，每对 250 元，收入 165 万元；40％8800 只，每只 1500 克（120 元）按商品狸出售，收入 105.6 万元，合计 270.6 万元。

（2）全年支出

① 饲料支出：一是 1 对种竹狸 1 天饲料费 0.2 元，1 年 73 元，3500 对种竹狸 1 年饲料费是 25.55 万元。二是 2 月龄种狸饲料消耗是种狸的 1 半，每天饲料费 0.1 元，养到得卖，每出栏 1 对种狸需支出 8 元，6600 对共支出 5.28 万元。三是出栏 1 只 1500～2000 克商品狸平均饲料费 35 元，8800 只，共开支 30.8 万元。饲料支出合计 61.63 万元。

② 防疫、消毒药品：8 万元。

③ 工资支出：10 人全年工资支出 27 万元。

④ 水电等其他开支：约 12 万元。

⑤ 扩建工程与现代交通、管理设备 20 万元。

⑥ 饲料地租金及耕作 3.2 万元。

⑦ 农机具燃油、维修费共 5 万元。

⑧ 管理费用：8 万元。

⑨ 不可预测开支：（以上①～⑧项总和×15 ％）共 21.72 万元。

合计支出：166.55 万元。

（3）收支相抵

收－支 ＝当年可收入。

收支相抵：270.6 万元－166.55 万元＝ 104.05 万元，即为当年的收入。

2. 第二阶段

办场第三年，技术熟练，产量提高了，按 2 万只种狸计算，种群构成分为两种：原来 3500 对配对不变，后来留种的 13000 只按 1 公 3 母配组，共得 3250 组。这样，母狸（3500＋3250×2）达到 13250 只，按每只母狸年产 12 个仔计算。

（1）全年卖竹狸收入

13250 只种狸年产仔成活（13250×10）共 132500 只，其中 50%66250 只（33125 对）按种狸出售，2 月龄每对 250 元，收入 828.125 万元；66250 只按商品狸出售，每只 120 元，收入 795 万元，合计 1623.125 万元。

（2）全年支出

① 饲料支出：一是 1 对种竹狸 1 天饲料费 0.2 元，1 年 73 元，1 万对种竹狸 1 年饲料费是 73 万元。二是 2 月龄种狸饲料消耗是种狸的 1 半，每天饲料费 0.1 元，养到得卖，每出栏 1 对种狸需支出 8 元，33125 对共支 26.5 万元。三是出栏 1 只 1500～2000 克商品狸平均饲料费 35 元，66250 只，共开支 231.875 万元。饲料支出合计 331.375 万元。

② 防疫、消毒药品：15 万元。

③ 工资支出（25 人）：饲养员和勤杂 20 人，每人月薪 1600 元，全年工资支出 38.4 万元，管理、技术人员 5 人，平均月工资 2800 元，全年工资支出 16.8 万元。员工工资全年合计 45.2 万元。

④ 扩建工程与现代交通、管理设备 30 万元。

⑤ 水电等其他开支：约 20 万元。

⑥ 饲料地租金及耕作：3.2 万元。

⑦ 农机具燃油、维修费：共 5 万元

⑧ 管理费用：20 万元。

⑨ 不可预测开支：（以上①～⑧项总和×15 %）共 70.466 万元。

合计支出：540.241 万元。

（3）收支相抵

1623.125 万元－540.241 万元＝1082.88 万元，即为当年的收入。

（三）办场经营提示

① 这是按广西良种竹狸培育推广中心示范场高标准来设计的。是超大型的项目，国内还没有先例。必须配备好高素质的管理人

员，并在广西良种竹狸培育推广中心专家组亲临帮助下，才能确保目标完全实现。

② 饲养早熟高产的银星竹狸品种。

③ 饲养员参加培训班后，再到推广中心示范场跟班实习 1 个月。

④ 出产 1 对 2 月龄种狸生产成本控制在 8 元以内，出产 1 只 4 月龄商品狸生产成本控制在 35 元以内。千方百计降低饲养成本。

⑤ 有足够的青粗饲料供应。

⑥ 有较强的技术推广和较强的产品营销团队。

第十二章 竹狸的加工与利用

 第一节 竹狸肉的卫生要求

一、健康竹狸和病竹狸的区别

用于屠宰加工品种的自养或购买的竹狸，必须健康无病。根据加工品种的需要，选择各种年龄、体重、性别和肥瘦不同的竹狸。

健康的竹狸毛色发亮，两眼明亮有神，好动，精神充足，皮肤柔软有弹性；病竹狸大多精神不振，伏卧闭目无神，反应迟钝，皮毛无光、粗乱，鼻流黏液，局部性脱毛，皮肤松软。

二、光竹狸的质量检查

经过屠宰去毛或进行净膛以后的光竹狸，一部分以鲜竹狸肉上市或冷藏，另一部分加工成各种竹狸肉制品销售。上市前必须进行光竹狸卫生质量检查。黑竹狸去毛后，检查体表色泽是否正常，有无出血点、创伤、皮肤病等。另外，还要检查竹狸肉是否新鲜，有无变质现象。为确保消费者身体健康，变质的竹狸肉一律不得上市和食用。变质的竹狸眼球深陷，角膜浑浊、潮湿有黏液，有腐败气味。目前竹狸肉尚无统一的质量标准，可按猪肉的国家卫生标准参照执行。

第二节　竹狸的一般宰杀加工

一、宰杀前的准备

竹狸屠宰前有一段待宰过程。待宰杀的竹狸 一般应于宰前8～12 小时停止喂食，宰前 3 小时停止饮水，这样可以提高屠宰竹狸的品质。送宰前还应进行检疫，剔除病竹狸。

二、宰杀放血与浸烫煺毛

（一）宰杀放血

宰杀时要求切割部位准确，放血干净；刀口整齐，保证外观完整。

（二）浸烫煺毛

浸烫时，要严格掌握水温和浸烫时间。水温宜在 90℃ 左右，浸烫时要不停地翻动竹狸身，浸烫时间一般为 18～30 秒钟，以毛能顺利煺掉为度。水温及浸烫时间要根据竹狸的品种、年龄及宰杀季节灵活掌握。对于宰杀时放血不完全或宰杀后未完全停止呼吸的竹狸 ，不能急于浸烫煺毛。

浸烫好了的竹狸要及时煺毛。可采用机器煺毛，也可用手工操作煺毛。

三、净膛

根据竹狸加工为不同产品的不同需要，净膛可分为全净膛和半净膛两种不同方法。

（一）全净膛

从宰杀竹狸的胸骨处到肛门切开腹壁，将竹狸体内脏器官全部取出。在取出内脏时应注意，不要将器官拉破，应尽量保持各种器官的完整。

（二）半净膛

仅从宰杀竹狸的肛门下切口处取出全部内脏。

四、竹狸肉保鲜

鲜光竹狸可以直接上市。可整只上市，也可分割切块上市。但是在运输和销售过程中必须注意卫生，妥善保管，防止腐败变质，保证竹狸肉品质。

为了保证竹狸肉在短时间内达到保鲜不变质的目的，一般应做到以下几点：

① 宰杀燖毛干净，绝对不能被粪便等污染。

② 坚持做到加工、运输、存放、销售等环节的清洗、冲刷及消毒制度，消除各个环节孳生微生物的机会。

③ 降低贮藏温度，运输时用冷藏车，延长竹狸肉的保鲜时间。

 # 第三节　竹狸的屠宰与剥皮、制皮技术

一、狸皮的剥制方法

（一）屠宰

竹狸剥皮多在 11～12 月进行，此时绒毛整齐，有光泽，皮板质量好。为了得到完整的狸皮，保持耳、鼻、尾、四肢的完整性，屠宰方法有麻醉法、电击法、心脏空气注射法和化学药物毒杀法等，不能浸烫，原则上是迅速处死，避免污染、损坏绒毛。

（二）剥皮

在屠体尚温热时剥皮较易操作，可采用圆筒式剥皮法。首先是挑裆，即用挑刀从后肢肘关节处下刀，沿股内侧背腹部通过肛门前缘挑至另一后肢肘关节处，然后从尾的中线挑至肛门后缘，再将肛门两侧的皮挑开。接着是剥皮，先剥离后臀部的皮，然后从后臀部向头部方向做筒状翻剥。剥到头部时要注意用力均匀，不能用力过猛，以保持皮张完整，不要损伤皮质层，用剪刀将头尾附着的残肉剪掉。剥皮时，在皮板上或手上不断撒些麦麸或锯末等，以防止狸血及油脂污染绒毛；下刀务必小心，用力平稳以防将皮割破。

二、生皮防腐技术

（一）及时防腐鞣制

刚剥下的皮张，含有大量水分和蛋白质，并存在多种细菌，若温度适宜而又不及时防腐鞣制，就会腐败变质。

（二）防腐方法

1. 干燥防腐法

生皮晾至六七成干时，应将皮翻过来，使毛面向上、皮里翻向地面，晾至八成干时，以30～35张垛成一堆，压平24小时，然后散开，通风晾干即可入库。

2. 盐腌防腐法

采用粒盐干腌或盐水处理鲜皮进行防腐。

三、竹狸皮初步加工

初步加工的目的是使狸皮容易保存，以便交售。狸皮剥离后，皮板上残留一些油脂、血迹等，若不按下法处理，会给贮存和鞣制带来不利影响。

（一）刮油

先将狸头放在剥皮板上，刮油用力要均匀，持刀要平稳，以刮净残肉、结缔组织和脂肪为原则。初刮油者刀要钝些，由尾向头部方向逐渐向前推进，刮至耳根为止。刮时皮张要伸展，边刮边用锯末或麦麸搓洗狸皮和手指，以防油脂污染毛皮。刮至母狸乳头和公狸生殖器孔时，用力要轻，防止刮破。头部残肉不易刮掉，要用剪毛剪子将肌肉和结缔组织小心剪去。

（二）洗皮

刮完油的皮张要洗皮，用类似米粒大小的硬锯末或粗麦麸，先搓去皮板上的浮油，直搓至不粘锯末或麦麸为止，然后将皮筒翻过来，洗净被毛上的油脂等污物。洗皮用的锯末或麦麸一律要过筛，如果太细会粘住绒毛而影响毛皮的质量。注意不要用松木的锯末，因其树脂多，会影响洗皮效果。

（三）上楦固定

为了使皮张具有一定形状和幅度，合乎商品要求，利于干燥和保存，洗好的皮要及时上楦固定。上楦板时，先固定狸头于楦板上，然后均匀地向后拉长皮张，使皮张充分伸延，再把眼、鼻、四肢、尾等摆正，用钉子将各部位固定。上好楦板的皮张，需立即进行干燥。干燥方法可因地制宜，养狸场最好用吹风干燥法，个体户可采用烘干法，但室温不得超过 18～22℃。经过 10 小时，皮张干燥到六七成时，再将毛面翻出，变成皮板朝里、毛朝外。严禁温度过高，更不能暴晒或猛火烘烤，防止毛峰弯曲。还要注意及时翻板，否则影响毛皮的美观。目前大型狸场多用一次上楦控温鼓风干燥法，其设备简单、效率高。

（四）下楦板

皮张含水量降至 13％～15％时下楦板，如果含水量超过 15％，保存时易发霉。下楦后还需进一步对皮张进行整理，用锯末或麦麸搓去灰尘和脏物，然后梳毛，使绒毛蓬松、灵活、美观。

第四节　真空小包装生鲜冷冻竹狸加工技术

我国的活畜禽市场将逐步萎缩并最终退出大中城市。活畜禽流通渠道也将受到严格控制。靠销售活畜禽的养殖场必须转变生产经营方式。从防病与维护城市的环境卫生考虑，活畜禽也应该退出大中城市市场。中小养殖场要联合起来，成立合作社，自养自宰加工新鲜冷冻畜禽产品投放市场，才能生存和发展。下面介绍真空小包装生鲜冷冻竹狸的加工技术。

一、屠宰竹狸用设备

（一）自制屠宰架

用5厘米直径镀锌管焊接，高100厘米，长280厘米，支架底脚管间距离70厘米。上排管间距离40厘米，两侧排放8个锥形镀锌铁皮罐，铁皮厚1毫米。锥形罐高40厘米，上口直径22厘米，下口直径10厘米。每只罐大口向上，小口向下，焊接固定在支架上，每罐间距10～15厘米。在锥形罐下30厘米处焊接三角形镀锌铁皮放血槽，上口直径20厘米，放血槽向右侧倾斜，以便向右侧淌血。屠宰时把活竹狸放进每个锥形罐中，头向下并伸出下口，使竹狸全身塞进罐内，以免挣扎。

（二）自制屠宰刀

可用废钢锯条磨成，刀刃长5.7厘米，宽0.63～0.64厘米，刀把长12～13厘米。

（三）装狸铁线笼

是屠宰前收集活竹狸用。笼不可太高，高了使竹狸互相趴压，造成皮肤破损，影响屠宰质量。一般20～25厘米高。

（四）小毛皮兽专用脱毛机

用它1台5人1小时可燖毛400只。

二、竹狸的屠宰加工

（一）选择屠宰竹狸

6月龄的竹狸（农村可到7月龄）进入最佳屠宰期。具体观看体重达标。

(二) 宰前检疫

按常规竹狸场应请当地的畜禽检疫部门定期进场检疫，取得健康合格证后，方可安全屠宰。

(三) 自养自宰加工的竹狸

在早晨饲喂前收集，立即屠宰。

(四) 口腔放血法

将需要屠宰的活狸电晕后，头朝下分别放进屠宰架上的锥形圆筒里。左手拉下竹狸头，右手用刀从颈部直刺放血，像杀猪那样。

(五) 浸烫脱毛

浸烫池水温升至 90℃，将已宰杀放血的竹狸放入池水中，机械或人工不停地翻转，使竹狸体均匀受热，浸烫 7～10 秒后迅速放入脱毛机脱毛。浸烫水温和浸烫时间随季节的变化而不同，要灵活掌握。浸烫不彻底不易去毛，延误加工时间，影响成品外观质量；浸烫过头可能造成连皮带毛被打毛机拉掉，造成竹狸胴体受伤，无法进入下道工序。

(六) 整理和初检

脱毛后的竹狸体放在整理台上，仔细除去残留毛，用清洁的冷水淋洗狸体，由检疫员检验，对个别身上有破损的，瘦弱的，体重不够等级的应剔除作为次品处理。

(七) 净膛

用剪刀从竹狸胴体靠近肛门处剪开，拉出肠子，右手食指伸入腹腔，掏出全部内脏，冲洗光狸，去掉胃内容物，把洗净的肝、心、肺装入小塑料袋中，最后再把装有内脏的小塑料袋放入竹狸腹腔中。

三、真空生鲜冷冻竹狸加工

(一) 漂洗、冷却

经屠宰的竹狸放在水槽中用自来水流水冲洗 5 分钟，漂去浮毛和污物，然后在水槽中浸泡半小时，再流水冲洗 5 分钟。

竹狸高效养殖与加工利用 一学就会

（二）沥水

为保证竹狸产品重量准确，经浸泡冲洗后的光狸放在塑料转运箱中进行沥水，自然干燥 30 分钟左右。

（三）称重分级

每只光狸逐个称重，按重量和肤色分级放入塑料转运箱。在称重分级同时注意光狸的质量，凡带伤痕、破皮、瘦弱、皮肤深暗或有其他缺陷的光狸另外处理出售。按光狸重量分为每只 1250 克、1000 克和 850 克三种规格。

（四）包装

经称重分级的竹狸逐只用食品塑料袋包装，包装时每只食品袋装 1 只竹狸，用多功能真空充气包装机，将每只竹狸进行真空包装。经真空包装后的竹狸装进瓦楞纸盒内，包装规格：5 只装，体积 32 厘米×25 厘米×20 厘米，在包装盒上印有产品介绍，生产日期，保存和解冻方法。

（五）两种规格

经这样速冻后的竹狸能长时间保存在冷库中，且解冻后仍像鲜狸一样，不失其鲜美的味道。可及时出售，也可较长时间冷藏。目前，竹狸场自制的真空生鲜冷冻竹狸有两种规格。

1. 普通冰柜速冻生鲜冷冻竹狸

将包装好的竹狸放入冰柜进行速冻，冰柜温度调到 $-18℃$，速冻 24～36 小时转将冰柜温度调到 $-10℃$，可保鲜 3 个月。这种速冻冷藏适合屠宰竹狸数量少的中小狸场使用。

2. 小型冷库急冻生鲜冷冻竹狸

大竹狸场（或养殖合作社）屠宰竹狸数量多，需要建设 15～40 米^3 的小型冷库（内设 $-33～-25℃$ 急冻室和 $-18℃$ 冷藏室各 1 间）。将包装好的竹狸抽真空封口，再用外包装袋包装封口，每 20 只装 1 箱，排放整齐，送急冻室，急冻 24～36 小时。抽样化验，检验合格后，放入合格证及装箱人员工号，用不干胶带封箱，转送入 $-18℃$ 冷藏室贮藏，可保鲜 10 个月。

第五节　腊竹狸的制作技术

一、调料与产品特点

(一)竹狸调料

白糖、精盐、酱油、味精、白酒、茴香、桂皮、花椒、硝石

(二)产品特点

色泽金黄，肉身干燥，鲜美可口，野味飘香。

二、烹制

① 竹狸去毛去内脏洗净，尾巴切去末端。

② 用 50℃ 温水将洗净的竹狸浸泡软，去浮油，放在滤盘上沥

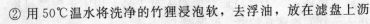

干水分。

③ 以调料拌制。拌制时应先将竹狸放在容器内，再将调料混合均匀，倒入缸内，用手拌匀。并每隔 2 小时上下翻动一次，尽量使料渗透到竹狸内部。

④ 腌制时竹狸须分大小规格，确保质量。腌制 8～10 小时即可取出系绳。此时如发现腌制时间不足，可放入腌缸复腌至透再出缸。

⑤ 竹狸腌制出缸后，即可开竹。每根竹竿可挂 15 只左右。将腌好的竹狸捞出控干，绳头系在尾巴上，长短要整齐，置晾架上晾晒。如遇阴雨天，也可移入烘房烘。晴天后再拿出挂晒，一直晾晒至出油为止，最后移入室内风干，即成有香味的腊竹狸。

⑥ 须经常检查竹狸的干湿程度，如暴晒过度，则滴油过多，影响成品率。如晾晒不足，则容易发生酸味，而且色泽发暗，影响质量。晾晒时应分清大小规格，以防混淆。

⑦ 腊竹狸成品要检查是否干透，如发现外表有杂质、白斑、焦斑和霉点等现象时，应剔出另外处理。

⑧ 腊竹狸贮藏时应注意保持清洁，防止污染，同时要防老鼠啃、虫蛀。如吊挂干燥通风阴凉处，可保存 3 个月；如用坛装，则在坛底放一层 3 厘米厚的生石灰，上面铺一层塑料布和两层纸，放入腊竹狸后，密封坛口，可保存半年；如将腊竹狸装入塑料食品袋中，扎紧袋口埋藏于草木灰中，也可保存半年。

⑨ 腊竹狸需要外运时最好装纸板箱，四周衬蜡纸以防潮，但在装箱时如发现腊竹狸回潮时，还必须重新晾晒，待冷却后再行装箱。否则在运输途中容易变质。

 ## 第六节　夹棍烤竹狸的制作技术

一、宰杀与切块

（一）宰杀

将竹狸宰杀，用沸水浇烫煺毛，洗净后剖腹，清除内脏。

（二）切成肉块

将狸肉带皮切成长 10 厘米、宽 4 厘米左右的肉块。

二、加料烘烤后将肉锤松淋油

加抹适量食盐、辣椒粉、八角粉、野花椒粉，用鲜香茅草捆扎后，用竹夹棍夹住肉块在炭火或烤炉上烘烤至七八成熟。取出肉块将肉锤松，加切细的葱、蒜、芫菜拌抹揉搓，重新上夹烘烤至熟即供食用；或将油烧滚后浇淋在烘烤好的竹狸肉上再装盘食用。

三、产品特点

肉色褐红油润，肉质嫩软，味道鲜美可口，营养丰富，民间视为珍物。

第七节　竹狸药酒的制作技术

竹狸具有很高的药用价值，用于泡制药酒功效尤为显著。几种竹狸药酒泡制方法如下。

一、竹狸血酒泡制方法

用大碗盛 50°以上白酒 500 毫升，宰杀 2～3 只竹狸后将其血注入。先将竹狸用铁钳固定好，然后一人抓钳提尾，另一人左手紧握竹狸颈背，右手持尖刀刺入竹狸咽喉部（与杀猪进刀部位相同）的静脉窦，抽出刀时，血流注入酒中。酒中掺入竹狸血越多越好，通常每 500 毫升白酒注入 2～3 只竹狸鲜血，拌匀即可饮用。每次饮服 20～40 毫升，可治疗哮喘、老年支气管炎和慢性胃痛。竹狸血酒一次饮用不完，可放冰箱冷藏室保存。

二、竹狸胆酒泡制方法

用大碗盛 50°以上白酒 250 毫升，将 1 只竹狸鲜胆汁滴入拌匀，即可饮用。每次饮服 50 毫升，可治眼炎和耳聋，平时常饮有助于清肝明目。竹狸胆酒一次饮用不完，可放冰箱冷藏室保存。

三、竹狸骨药酒泡制方法

（一）配方

竹狸生骨 60～80 克，猫骨 30～50 克，黄精 30 克，苁蓉 30 克，黑豆（炒）50 克，川芎 15 克，大枣 7 枚，归身 15 克，黄肉 30 克，枸杞子 20 克，杜仲（炒）25 克，60 度白酒 1 升。

（二）制法

将生竹狸骨、猫骨炙酥后捣碎，与其他药物、白酒共置入容器中，密封浸泡 1 个月以上。

（三）用法

早、晚各饮服 1 次，每次 20～30 毫升。

（四）功效

主治关节痛、类风湿、坐骨神经痛。

 ## 第八节　竹狸烹饪技术

一、食用竹狸的粗加工

在我国南方省区，食用竹狸一般不剥皮。宰杀时，先用 15～20 毫升的白酒徐徐灌入竹狸肚内，待其口里冒出白沫，说明竹狸已经昏醉，这时用小尖刀刺喉放净血液。然后用 80 摄氏度热水烫屠体 2～3 分钟，烫好后顺着煺毛。清除粗毛后，用刀刮去小毛，再用火烧去细毛，烧到竹狸的外皮稍焦，可增加它的香气。洗刮干净后，开膛除去内脏和骨头（散焖和生炒竹狸也有不除骨的），将骨头煲水与竹狸肉一起烹制，以增加原汁原味。宰杀好的竹狸可进行焖、扣、清炖、红烧、干锅、生炒等多种烹制。

二、竹狸大众食谱

（一）爆炒竹狸

【原料配方】原料：竹狸1只

配料：青红椒100克

调料：生油、料酒、精盐、味精、酱油、葱花、姜丝各适量。

【烹调方法】

① 将竹狸去皮、内脏、脚爪，洗净，放入沸水锅内焯一下，洗净血污斩块。

② 锅烧热，加生油投入竹狸块煸炒，烹入料酒、酱油、精盐、味精、姜丝和适量清水，煸炒至竹狸肉熟入味，再加青红椒爆炒，出锅装盘即成。

【特点】色泽金黄，香气扑鼻，肉嫩爽口。

（二）清炖竹狸（1）

【原料配方】竹狸1只重约1千克，冬笋100克，黄豆200克，清水2升，料酒1大匙，盐1小匙，姜2片，花生油1大匙，葱2根。

【烹调方法】

① 将竹狸切成块，加入姜、酒、盐腌渍半小时。

② 锅放入清水，加入腌渍好的竹狸肉、冬笋、黄豆，大火煮沸后，改为小火炖2小时（或用高压锅大火煮至喷气后，改为小火炖15分钟，熄火后停20分钟才开盖）。

③ 上桌时，菜面撒上葱即可食用。

（三）清炖竹狸（2）

【原料配方】带骨竹狸肉300克，猪五花肉100克，盐2.5克，味精2克，八角0.5克，花椒、葱、姜各5克，猪油25克，鸡汤

900 克。

【烹调方法】

① 将竹狸切成 3 厘米大的方块；猪五花肉切成 3.5 厘米长、2.5 厘米宽、0.5 厘米厚的片，葱、姜切块。

② 锅内放开水，将竹狸肉块与猪肉片下锅焯透，捞出后放凉水中洗净血污，控净水分。

③ 锅内放鸡汤，将竹狸肉块与猪肉片入锅烧沸，撇净浮沫，再放葱、姜、花椒、八角、盐、味精、料酒、猪油，转小火炖 2 小时至肉烂熟即成。

【特色】肉烂，汤清，鲜咸，醇香。东北风味。

（四）生焖竹狸

【原料配方】竹狸 1 只重约 1 千克，嫩竹枝一小节，姜 2 片，料酒 1 大匙，食盐 1 小匙，腐乳半块，食醋 200 毫升，酱油 2 小匙，白糖 1 小匙，蒜苗 100 克，葱 2 根，清水 1 升。

【烹调方法】

① 将竹狸切成块，加入姜、酒、盐腌渍半小时。

② 放入铁锅用花生油爆炒至冒白烟，加入醋 100 毫升、清水 500 毫升（盖过肉面）、竹枝一小节，大火煮沸后，小火焖至水干。

③ 再加入另一半水、醋和酱油、腐乳、糖，焖干，加入花生油和蒜苗爆炒，菜面撒上葱即可食用。

（五）红焖竹狸

【原料配方】肥嫩竹狸二只，蚵干 50 克，水发香菇 10 克，葱白段 5 克，姜片 10 克；绍酒 50 克，酱油 20 克，熟猪油 100 克，味精 10 克，精盐 3 克，上汤 500 克，湿淀粉 4 克，香油 5 克，桂皮 2 克。

【烹调方法】

① 将竹狸宰杀褪毛，剖腹去内脏，耳、鼻、眼剖开切成块、洗净，下沸水锅氽一下（排除血水及腥味），捞出、沥去水分晾开。

② 将锅烧热放油，先放入葱白段、姜片，后放蛤干、水发香菇、竹狸、桂皮、绍酒、酱油、精盐、炒至水干。

③ 加入上汤、味精、用旺火烧开，后用慢火焖 30 分钟，加香油、湿淀粉即可。

【特点】肉质酥软，味鲜香浓。

(六) 竹狸干锅

【原料配方】竹狸 1 只，姜、酒、糖、醋、盐、酱油、腐乳适量，竹枝一小节，啤酒半杯，葱 2 根。

【烹调方法】按生焖竹狸的方法，煮至八成熟，转入砂锅，加入啤酒文火慢炖，撒入香葱，趁热食用。

(七) 高压锅红烧竹狸

【原料配方】竹狸 1 只，嫩竹枝一小节. 姜、醋、酱油、酒、葱、八角、麻油、盐各适量。

【烹调方法】

① 竹狸切成块，用调料配成 400 毫升卤汁，将竹狸腌渍 1 小时。

② 放入高压锅中烹煮到喷气，改用文火炖 20 分钟，熄火 15 分钟后放气减压，开盖，菜面撒上香葱、麻油即可食用。

(八) 葱油竹狸

【原料配方】竹狸 1 只，竹枝一小节，葱、姜、麻油、盐、醋、酱油、糖、酒各适量。

【烹调方法】

① 将竹狸切成 4 大块，加配料腌渍半小时，

② 置于锅中加水炖两小时，至水干八成熟为好。

③ 取出切块排在碗里，将姜和葱切成细丝放于碗中，加适量的盐、酒拌匀，铺在狸肉上面，将麻油烧热，淋在葱、姜丝上面即可食用。

(九) 蒜烧竹狸

【原料配方】竹狸 1 只，生姜 35 克，香葱 30 克，大茴香、小

茴香各 10 克，丁香、甘松、陈皮、麻油各 5 克，草果、酱油、白糖各 25 克，味精、醋各 10 克，食盐 50 克，三花酒 150 克，生油 500 克。

【烹调方法】

① 把竹狸煺毛、开膛、掏净内脏，放入锅中加清水用猛火烧沸，改用文火堡至竹狸皮下能插入筷子时捞起，用粗针插遍全身。

② 用白糖和醋抹于皮面。起油锅烧至九成热，将竹狸入油锅炸至皮呈黄色，出锅。

③ 倒出余油换以汤水，加入配料、调料，烧开。

④ 放进炸好的竹狸，加盖焖至肉不韧，捞起用花生油抹皮面，斩件，原形拼于椭圆形碟上。

⑤ 锅内原汁勾芡淋于面上，加小麻油即成。

【操作关键】

① 杀竹狸时血水放净，以避免成品带有腥味。

② 炸竹狸的目的为使外皮上色，所以油温宜高。

③ 此菜刀功讲究，要先把碎骨和碎肉放在盘底，将其斜刀切成小块覆于上面。

【特点】色泽红润，肉质细嫩，滋味鲜美，营养丰富，味香形佳。

（十）三相竹狸

滇菜中的传统野味名肴。以竹狸为主料置于盘中央，外圈用淡菜、鸡肉、火腿各占一方，叉色围住，称为三相，故名。

【原料配方】净竹狸肉 400 克　配料：水发淡菜 200 克，熟鸡片 200 克，肥瘦猪肉 200 克，鸡蛋 200 克，熟云腿 200 克，红萝卜50 克，白菜心 100 克。调料：食盐 10 克，味精 3 克，胡椒粉 5克，芝麻油 15 克，湿淀粉 15 克，绍酒 15 克，酱油 10 克，鸡清汤500 克，葱末 5 克，熟猪油 1000 克（约耗 50 克），姜末 5 克。

【烹调方法】

① 将竹狸肉剁成 20 块，漂洗干净，晾干水分，装入盛器中，加食盐 3 克、酱油、绍酒，腌渍 10 分钟。

② 炒锅上旺火，注入猪油，烧至六成热，倒入竹狸肉，炸成金黄色，捞出沥油。

③ 将肥瘦猪肉剁成茸，加入葱茸、姜茸、食盐 3 克、味精 2 克、胡椒粉 2 克、鸡清汤 50 克、鸡蛋 50 克，调成肉茸。

④ 再用鸡蛋 150 克调匀摊成蛋皮 5 张，把蛋皮逐张打开铺平，抹上肉茸，卷成大拇指粗的卷，摆入抹过油的托盘内，上笼蒸 10 分钟，取出晾凉。

⑤ 将水发淡菜用鸡清汤 150 克汆透入味。红萝卜汆熟。白菜心汆后晾凉。

⑥ 用大扣碗一只，中间摆入竹狸肉，红萝卜切成长条，用三条作间隔条（分成三方）放入竹狸碗中，一方镶入淡菜；一方镶入熟鸡片；一方镶入熟云腿片。扣盘再加上葱姜（拍松各 3 克），鸡清汤 200 克，上笼蒸 2 小时，取出加上蛋卷、白菜心，再上笼蒸 10 分钟。

⑦ 炒锅上中火，取出竹狸肉，原汁汤滗入锅内，加入鸡清汤 300 克、食盐 4 克、味精 8 克、胡椒粉 3 克，用湿淀粉勾芡，淋入芝麻油，将汁浇在竹狸肉上即成。

【工艺关键】蒸竹狸肉，大火气足，蒸约 2 小时左右。

【特点】色彩艳丽，滋味醇郁，鲜香细腻，回味悠长。

（十一）红烧香竹狸

【原料配方】竹狸肉 600 克，蒜瓣 100 克，熟云腿片、水发冬菇各 50 克。甜酱油 30 克，食盐 5 克，酱油 20 克。芝麻油 10 克，味精 3 克，绍酒 30 克，葱 20 克，姜 10 克，熟猪油 100 克，上汤 500 克。

【烹调方法】

① 竹狸肉剁块，入清水中漂洗干净，沥去水分。炒锅上旺火，注入猪油 50 克，烧至七成热，倒入竹狸肉煸炒。

② 加入葱姜（拍松）、酱油、甜酱油、绍酒，偏干水分，下肉清汤，烧沸后改用小火炖至酥软。

③ 取另一只锅，下猪油 50 克，放入蒜瓣用小火炸香，至黄，

加入云腿片、冬菇片，下入竹狸肉，加盐、味精，收稠汁后，拣去葱姜，淋上芝麻油即可。

【操作关键】竹狸肉剁块要均匀，旺火煸干水分，小火微烤至酥软即可。

【特点】色泽金红，竹狸肉酥烂，蒜香突出，鲜味醇浓。

（十二）花生炖竹狸

【原料配方】竹狸 1 只，花生仁 100 克，生姜 10 克，冬菇 15 克，精盐 8 克，鸡粉 2 克，绍酒 3 克，胡椒粉少许，清汤适量。

【烹调方法】

① 将竹狸宰杀，水烫后刮去毛，从腹部切开取出内脏，斩去脚爪，用明火燎尽绒毛，刮洗干净，砍成 3 厘米长的方块。

② 花生仁用温水泡透，生姜切片，冬菇去蒂洗净。

③ 锅内加水烧开，投入竹狸肉，用中火煮去血水，倒出洗净。

④ 取炖盅一个，加入竹狸肉、花生仁、生姜、冬菇，调入精盐、鸡粉、胡椒粉、绍酒，注入适量清汤，加盖，炖约 2 小时即可食用。

【功效作用】补中益气、养阴益精。滋补，美容。

（十三）枣炖竹狸

【原料配方】竹狸 200 克，胡萝卜 50 克，红枣 10 克，姜 5 克。精盐 15 克，味精 1 克，胡椒面 2 克，绍酒 10 克，清汤适量。

【烹调方法】

① 将竹狸肉用明火燎尽绒毛，刮洗干净，切成 4 厘米长的块。

② 胡萝卜洗净去皮切块，红枣泡洗干净，生姜去皮切片。

③ 锅加水烧开，投入竹狸肉，用中火煮去血水，倒出洗净。

④ 把竹狸肉、胡萝卜块、生姜片投入炖盅，加入精盐、味精、胡椒粉、绍酒，注入清汤，加上盖，入蒸柜炖约 2 小时即可食用。

【功效作用】补中益气、养阴益精。适用于滋补，美容。

（十四）红枣花生炖竹狸

【原料配方】竹狸 1 只，大红枣、花生各 15 克，生姜 10 克。清汤、精盐、鸡粉、胡椒粉、绍酒各适量。

【烹调方法】

① 将竹狸宰杀，水烫后刮去毛，从腹部切开取出内脏，斩去脚爪，用明火燎尽绒毛，刮洗干净，砍成 3 厘米长的方块。

② 大红枣、花生都用温水泡洗干净。

③ 锅内加水烧开，投入竹狸肉，用中火煮去血水，倒出洗净。

④ 在煲内盛入竹狸肉、生姜、大红枣、花生米，注入上汤、绍酒，旺火烧开，用中火炖 90 分钟，调味后再炖 5 分钟即可食用。

【特点】汤汁白色，味鲜香醇，肉软肥香。

【功效作用】补中益气、养阴益精。催乳、丰胸、美容。

（十五）清蒸竹狸

【原料配方】竹狸 1 只，云腿、水发冬菇、水发玉兰片各 50 克，红胡萝卜、老蛋片各 30 克，白菜心 100 克，绍酒、生油各 10 克，精盐 15 克，味精 1 克，姜、葱、芝麻油各 3 克，胡椒面 2 克，上汤 1000 克。

【烹调方法】

① 将竹狸宰杀，水烫后刮去毛，从腹部切开取出内脏，斩去脚爪，用明火燎尽绒毛，刮洗干净，切成 4 厘米长的段。

② 白菜心洗净，切 1.3 厘米长的段。云腿切片，红胡萝卜在开水中焯熟后切片，葱、姜拍破。

③ 把竹狸用开水猛烫一遍捞起，摆入炖盅内，加生油、精盐、绍酒、葱、姜，蒸 3 小时，取出拣去葱、姜。

④ 炒锅注入上汤，旺火烧开，加入白菜心、水发玉兰片、水发冬菇、云腿片、红胡萝卜片、老蛋片，煮两分钟，撇去浮沫。用胡椒面、味精调好味，浇在竹狸上面，淋上芝麻油即成。

【操作关键】

竹狸高效养殖与加工利用一学就会

① 烫竹狸的水温不宜太高，以 80～90 摄氏度为宜。

② 蒸制竹狸时，要旺火沸水，长时间蒸，以保持竹狸肉质肥香。

【特点】色泽艳丽，汤汁清澈，味鲜香醇，肉软肥香。

【功效作用】竹狸，性味甘平，具有益气养阴、解毒的功效。《本草求真》谓之"益肺胃气，化痰解毒"。以竹狸配以火腿，开胃健脾，配香菇，生精益血，再配蛋片，补血安神。则此菜具补中益气、养阴益精、安神的作用。适用于中气虚弱，神经衰弱病人食用。

（十六）归参炖竹狸

【原料配方】嫩竹狸 1500 克，当归、党参、各 15 克，葱、生姜、料酒、食盐各适量。

【烹调方法】

① 将竹狸宰杀后，去毛和内脏，洗净，将当归、党参、玉竹放入竹狸腹内，用针线缝好。

② 置砂锅内，加入葱、姜、料酒、食盐、清水各适量，置于武火上烧沸，改用文火煨炖，直至竹狸肉煨烂即成。

【用法用量】食用时，可分餐食用，吃肉喝汤。

【功效作用】补中益气、养阴益精，治心律不齐。

（十七）桂圆党参竹狸汤

【原料配方】竹狸肉 250 克，瘦猪肉 100 克，桂圆肉 15 克，党参 20 克，桂枝、生姜、生地各 5 克，盐、绍鸡粉少许。

【烹调方法】

① 将竹狸肉、瘦猪肉洗净、切块，生姜洗净、切片，各种药材洗净。

② 锅内烧水，水开后放入竹狸肉、瘦猪肉滚去表面血迹，再捞出洗净。

③ 将全部材料放入煲内，加入清水适量，武火烧沸转文火煲3 小时，调味即可。

【功效作用】此汤对血小板减少性紫癜、病后体虚、神经衰弱等症有调理作用。

（十八）黄精竹狸汤

【原料配方】竹狸肉 500 克，瘦猪肉 100 克，黄精 20 克，沙参 5 克，生姜片、盐、鸡粉、黄酒各适量。

【烹调方法】

① 将竹狸肉、瘦猪肉洗净、切块，各种药材洗净。

② 锅内烧水，水开后放入竹狸肉、瘦猪肉滚去表面血迹，再捞出洗净。

③ 将全部材料放入煲内，加入清水适量，武火烧沸转文火煲 3 小时，调味即可。

【功效作用】此汤适用于体虚怕冷、神疲乏力、面黄肌瘦、病后体虚等症。

（十九）山药竹狸汤

【原料配方】竹狸 250 克，玉竹、山药各 100 克，红枣、精盐、味精各适量。

【烹调方法】

① 玉竹、山药、红枣洗净；竹狸洗净、切成块。

② 把全部用料放入锅内，加入清水适量，武火烧沸转文火煲 3 小时，最后用精盐、味精调好味即成。

【特点】汤鲜肉酥，滋补佳品。

【功效作用】健胃、益气、养阴、美容。

（二十）竹狸笋片汤

【原料配方】

主料：竹狸 1 只，笋片 100 克。

调料：料酒、精盐、味精、酱油、葱花、姜丝。

【烹调方法】

① 将竹狸去皮、内脏、脚爪，洗净，放入沸水锅内焯一下，洗净血污斩块。

② 锅烧热，投入竹狸块煸炒，烹入料酒、酱油煸炒几下，加入精盐、味精、姜丝和适量清水，烧至竹狸肉熟烂，加入笋片烧至入味，出锅装盆即成。

【功效作用】竹狸肉，《本草纲目》载："补中益气，解毒。"笋片具有益气、消渴利水、消痰、爽口的功效，二者组成此菜具有益气养阴的功效。适用于肺热咳嗽、干咳少痰、劳伤虚损等病症患者食用。健康人使用更能强身健体。

（二十一）木耳腐竹竹狸汤

【原料配方】竹狸肉 500 克，脊骨、猪肉各 200 克，木耳、腐竹各 100 克，生姜 20 克，精盐 10 克，鸡粉 5 克。

【烹调方法】

① 将竹狸肉用明火燎尽绒毛，刮洗干净，斩件；脊骨、猪肉干净，斩件。

② 锅内烧水，水开后放入竹狸肉、脊骨、猪肉滚去表面血迹，再捞出洗净。

③ 脊骨、猪肉、竹狸肉、木耳、腐竹、生姜一起放入砂煲，加入清水煲 2 小时后，调入食盐、鸡粉即可食用。

【特色】美味补益靓汤

【功效作用】美容瘦身汤，并能消除脸部因淤血而成的黑斑。

（二十二）淮杞煲竹狸

【原料配方】竹狸 200 克，冬菇、山药各 20 克，枸杞 8 克，淮山 20 克，玉兰片 30 克，生姜 10 克，精盐 5 克，味精 1 克，绍酒 3 克，胡椒粉少许，清汤适量。

【烹调方法】

① 竹狸刮洗干净，砍成块；淮山、枸杞用清水洗净，玉兰片切段，冬菇洗净，生姜去皮切片。

② 用瓦煲一个，注入清汤，用中火烧开，加入竹狸、淮山、枸杞、玉兰片、冬菇、生姜，武火烧沸转文火煲 1.5 小时。

③ 然后调入盐、味精、胡椒粉、绍酒，继续用小火煲 30 分钟

即可食用。

【功效作用】此菜具有补中益气、养阴益精、健脾润肺。适用于中气虚弱，咽干口渴病人食用。

（二十三）无花果炖竹狸猪蹄

【原料配方】干无花果、金针菇各 100 克，猪蹄、竹狸各 500 克，生姜、葱各 10 克，精盐 4 克，鸡粉少许。

【烹调方法】

① 将干无花果、金针菇洗净；猪蹄、竹狸用明火燎尽绒毛，刮洗干净，砍成 4 厘米方块。

② 锅内烧水，水开后放入竹狸肉、猪蹄滚去血水，再捞出洗净。

③ 取瓦煲一个，放入竹狸、猪蹄、无花果、金针菇、生姜、葱，注入适量清汤，加盖烧沸，转小火煲 90 分钟后调味即可食用。

【功效作用】竹狸，性味甘平，具有益气养阴、解毒的功效。《本草求真》谓之"益肺胃气，化痰解毒"。猪蹄能补血、通乳、健腰脚，适合腰脚酸软无力者。无花果能提高免疫力，预防乳腺癌。特别适合产后妇女补身、催乳、美容和抗乳腺癌的病人食用。

（二十四）黄芪玉竹煲竹狸

【原料配方】竹狸 1 只，黄芪、玉竹各 30 克，20 克，葱、绍酒各 10 克，精盐 8 克，味精 1 克。

【烹调方法】

① 将竹狸宰杀，水烫后刮去毛，从腹部切开取出内脏，斩去脚爪，用明火燎尽绒毛，刮洗干净，切成 4 厘米长的段。

② 黄芪、玉竹洗净浸透，生姜洗净切片，葱洗净切段。

③ 锅内烧水，水开后放入竹狸肉滚去血水，再捞出洗净。

④ 取瓦煲一个，放入竹狸、黄芪、玉竹、姜片放入煲中，加入清水、绍酒，加盖烧沸，用中火煲 90 分钟后，调精盐、味精，撒入葱段即成。

【操作关键】

① 烫竹狸的水温不宜太高，以 80～90 摄氏度为宜。

② 蒸制竹狸时，要旺火沸水，长时间蒸，以保持竹狸肉质肥香。

【特点】色泽艳丽，汤汁味鲜香醇，肉软肥香。

【功效作用】健康人常服用可提高免疫力，抗衰老，养颜，美容。

（二十五）竹狸煲猪肉

【原料配方】竹狸肉、猪肉各 200 克，当归、干冬菇各 10 克，竹蔗 50 克。生姜、葱、清鸡汤各适量。精盐 15 克，味精 1 克，3 克，芝麻油 3 克，胡椒面 2 克，辣椒面 3 克，绍酒 10 克。

【烹调方法】

① 将竹狸肉刮洗干净，切成 3 厘米的方块。猪肉切成块。

② 干冬菇浸透，竹蔗破成小片，生姜洗净去皮切片，葱洗净切段。

③ 把用开水煮 5 分钟至血水净时，捞起待用。

在瓦煲内加入竹狸肉、猪肉、冬菇、生姜、葱、绍酒、当归、竹蔗，注入鸡清汤，旺火烧开，改小火煲 2h，调味即可食用。

【功效作用】滋补。养颜，美容。

（二十六）陈皮黑豆煲竹狸

【原料配方】陈皮 1 块，黑豆 150 克，新鲜竹狸肉 500 克，瘦肉 100 克，生姜片、红枣、烧酒、精盐、鸡粉各适量。

【烹调方法】

① 将竹狸宰杀，水烫后刮去毛，从腹部切开取出内脏，斩去脚爪，用明火燎尽绒毛，刮洗干净，切成 3 厘米长的方块。

② 将黑豆洗净，用温水泡 2 小时，陈皮、红枣洗净，瘦肉洗净切块。

③ 锅内烧水，水开后放入竹狸肉滚去血水，再捞出洗净。

④ 将全部材料放入瓦煲，加入清水，旺火烧开，改小火煲 3 小时，调味即可食用。

【功效作用】此汤适用于身体虚弱，面色无华，体型消瘦，头发枯黄等症。

（二十七）北芪炖竹狸

【原料配方】宰净竹狸 750 克，北芪 25 克，生姜 50 克，生葱 40 克，开水、上汤各 1000 克，二汤 700 克，生油、绍酒、姜汁酒各 15 克，精盐 2.5 克，胡椒面 0.05 克。

【烹调方法】

① 将竹狸用明火燎尽绒毛，刮洗干净，切成 4 厘米长的段。

② 切好的狸段用沸水焯 5 分钟，捞起洗净。

③ 葱洗净切碎、姜洗净拍破。

④ 炒锅注入生油，将生姜 35 克，生葱 25 克放入，加入竹狸肉炒匀，加入姜汁酒爆炒香，注入二汤滚 3 分钟，倾在漏勺里，弃掉葱、姜后，倒入炖盅内，放入北芪、生姜 15 克、生葱 15 克、精盐、绍酒，注入开水，放入蒸笼内炖熟烂，取出撇去汤面油，再将上汤烧至微滚，加入炖盅再烧沸，取出，用胡椒面调好味即成。

【操作关键】

① 烫竹狸的水温不宜太高，以 80～90℃为宜。

② 蒸制竹狸时，要旺火沸水，长时间蒸，以保持竹狸肉质肥香。

【特点】色泽艳丽，汤汁清澈，味鲜香醇，肉软肥香。

【功效作用】益气养阴、解毒、益精、安神。适用于神经衰弱病人食用。

（二十八）北菇炖竹狸

【原料配方】宰净竹狸 750 克，干北菇、生姜各 50 克，葱条 40 克，开水、上汤各 1000 克，二汤 750 克，生油、绍酒、姜汁酒各 15 克，精盐 2.5 克，胡椒面 0.05 克。

【烹调方法】

① 将竹狸用明火燎尽绒毛，刮洗干净，切成 4 厘米长的段。

② 切好的狸段用沸水焯 5 分钟，捞起洗净。

③ 葱洗净、姜洗净拍破。

④ 将干北菇用冷水浸发，剪去蒂，抓干水分。

⑤ 炒锅注入生油，将生姜 40 克，生葱 30 克放入，加入竹狸肉炒匀，加入姜汁酒爆炒香，注入二汤滚 3 分钟，倾在漏勺里，弃掉葱、姜。

⑥ 将北菇倒入炖盅内，把竹狸肉放在北菇上面，加入绍酒、精盐、生姜 10 克、葱条 10 克，注入开水，放入蒸笼内炖熟烂，取出撇去汤面油，再将上汤烧至微滚，加入炖盅再烧沸，取出弃掉葱、姜，用胡椒面调好味即成。

【特点】汤汁清澈，味鲜香醇，肉软肥香。

【攻效作用】益气养阴、益精。适用于病后康复食用。

(二十九) 竹狸乳鸽冬瓜盅

【原料配方】竹狸 1 只（约 750 克），乳鸽 1 只（约 500 克），小黑皮冬瓜 1 只（约 2.5～3.5 千克），香菇 10 克，黑木耳 15 克，火腿 15 克，红枣 10 颗（去核），桂圆 20 克，葱、姜、油、盐、胡椒、香油各适量，鲜竹枝 1 小节，花生油 750 克（实耗 75 克）。

【烹调方法】

① 将冬瓜洗净，在蒂把下端切开为盖。挖去瓜瓤备用。

② 香菇、木耳洗净切丝，火腿洗净切丁，红枣、桂圆、竹枝洗净备用。

③ 将竹狸宰好洗净，整个沸水烫洗去生，捞出沥干水，切成小件，用姜、酒、盐渍 2～3 小时，取出用热水速洗干净，沥干放进油锅炸至皮肉金黄，捞起沥去油。

④ 乳鸽宰好切块，用姜、酒、盐渍 30 分钟。

⑤ 将所有备料放入冬瓜盅内，加入少量肉汤或鸡汤。然后盖上瓜盖，移入大小适宜的竹箩或瓦钵，放入蒸锅内，隔水蒸炖 3 小时。待竹狸肉烂熟移出上桌，揭开瓜盖，加入葱、胡椒、香油即成。

【功效作用】鲜甜可口，滋补强身，常吃可消除皮肤皱纹，美容抗衰老兼而得之。

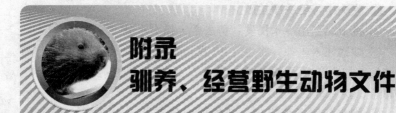

附录
驯养、经营野生动物文件

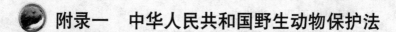 附录一　中华人民共和国野生动物保护法

（1988年11月8日第七届全国人民代表大会常务委员会第四次会议通过 根据2004年8月28日第十届全国人民代表大会常务委员会第十一次会议《关于修改〈中华人民共和国野生动物保护法〉的决定》修正）

第一章　总　　则

第一条　为保护、拯救珍贵、濒危野生动物，保护、发展和合理利用野生动物资源，维护生态平衡，制定本法。

第二条　在中华人民共和国境内从事野生动物的保护、驯养繁殖、开发利用活动，必须遵守本法。

本法规定保护的野生动物，是指珍贵、濒危的陆生、水生野生动物和有益的或者有重要经济、科学研究价值的陆生野生动物。

本法各条款所提野生动物，均系指前款规定的受保护的野生动物。

珍贵、濒危的水生野生动物以外的其他水生野生动物的保护，适用渔业法的规定。

第三条　野生动物资源属于国家所有。

国家保护依法开发利用野生动物资源的单位和个人的合法权益。

第四条　国家对野生动物实行加强资源保护、积极驯养繁殖、合理开发利用的方针，鼓励开展野生动物科学研究。

在野生动物资源保护、科学研究和驯养繁殖方面成绩显著的单位和个人，由政府给予奖励。

第五条　中华人民共和国公民有保护野生动物资源的义务，对侵占或者破坏野生动物资源的行为有权检举和控告。

第六条　各级政府应当加强对野生动物资源的管理，制定保护、发展和合理利用野生动物资源的规划和措施。

第七条　国务院林业、渔业行政主管部门分别主管全国陆生、水生野生动物管理工作。

省、自治区、直辖市政府林业行政主管部门主管本行政区域内陆生野生动物管理工作。自治州、县和市政府陆生野生动物管理工作的行政主管部门，由省、自治区、直辖市政府确定。

县级以上地方政府渔业行政主管部门主管本行政区域内水生野生动物管理工作。

第二章　野生动物保护

第八条　国家保护野生动物及其生存环境，禁止任何单位和个人非法猎捕或者破坏。

第九条　国家对珍贵、濒危的野生动物实行重点保护。国家重点保护的野生动物分为一级保护野生动物和二级保护野生动物。国家重点保护的野生动物名录及其调整，由国务院野生动物行政主管部门制定，报国务院批准公布。

地方重点保护野生动物，是指国家重点保护野生动物以外，由省、自治区、直辖市重点保护的野生动物。地方重点保护的野生动物名录，由省、自治区、直辖市政府制定并公布，报国务院备案。

国家保护的有益的或者有重要经济、科学研究价值的陆生野生动物名录及其调整，由国务院野生动物行政主管部门制定并公布。

第十条　国务院野生动物行政主管部门和省、自治区、直辖市政府，应当在国家和地方重点保护野生动物的主要生息繁衍的地区和水域，划定自然保护区，加强对国家和地方重点保护野生动物及其生存环境的保护管理。

自然保护区的划定和管理，按照国务院有关规定办理。

第十一条　各级野生动物行政主管部门应当监视、监测环境对野生动物的影响。由于环境影响对野生动物造成危害时，野生动物行政主管部门应当会同有关部门进行调查处理。

第十二条　建设项目对国家或者地方重点保护野生动物的生存环境产生不利影响的，建设单位应当提交环境影响报告书；环境保护部门在审批时，应当征求同级野生动物行政主管部门的意见。

第十三条　国家和地方重点保护野生动物受到自然灾害威胁时，当地政府应当及时采取拯救措施。

第十四条　因保护国家和地方重点保护野生动物，造成农作物或者其他损失的，由当地政府给予补偿。补偿办法由省、自治区、直辖市政府制定。

第三章　野生动物管理

第十五条　野生动物行政主管部门应当定期组织对野生动物资源的调查，建立野生动物资源档案。

第十六条　禁止猎捕、杀害国家重点保护野生动物。因科学研究、驯养繁殖、展览或者其他特殊情况，需要捕捉、捕捞国家一级保护野生动物的，必须向国务院野生动物行政主管部门申请特许猎捕证；猎捕国家二级保护野生动物的，必须向省、自治区、直辖市政府野生动物行政主管部门申请特许猎捕证。

第十七条　国家鼓励驯养繁殖野生动物。

驯养繁殖国家重点保护野生动物的，应当持有许可证。许可证的管理办法由国务院野生动物行政主管部门制定。

第十八条　猎捕非国家重点保护野生动物的，必须取得狩猎证，并且服从猎捕量限额管理。

竹狸高效养殖与加工利用—学就会

持枪猎捕的，必须取得县、市公安机关核发的持枪证。

第十九条　猎捕者应当按照特许猎捕证、狩猎证规定的种类、数量、地点和期限进行猎捕。

第二十条　在自然保护区、禁猎区和禁猎期内，禁止猎捕和其他妨碍野生动物生息繁衍的活动。

禁猎区和禁猎期以及禁止使用的猎捕工具和方法，由县级以上政府或者其野生动物行政主管部门规定。

第二十一条　禁止使用军用武器、毒药、炸药进行猎捕。

猎枪及弹具的生产、销售和使用管理办法，由国务院林业行政主管部门会同公安部门制定，报国务院批准施行。

第二十二条　禁止出售、收购国家重点保护野生动物或者其产品。因科学研究、驯养繁殖、展览等特殊情况，需要出售、收购、利用国家一级保护野生动物或者其产品的，必须经国务院野生动物行政主管部门或者其授权的单位批准；需要出售、收购、利用国家二级保护野生动物或者其产品的，必须经省、自治区、直辖市政府野生动物行政主管部门或者其授权的单位批准。

驯养繁殖国家重点保护野生动物的单位和个人可以凭驯养繁殖许可证向政府指定的收购单位，按照规定出售国家重点保护野生动物或者其产品。

工商行政管理部门对进入市场的野生动物或者其产品，应当进行监督管理。

第二十三条　运输、携带国家重点保护野生动物或者其产品出县境的，必须经省、自治区、直辖市政府野生动物行政主管部门或者其授权的单位批准。

第二十四条　出口国家重点保护野生动物或者其产品的，进出口中国参加的国际公约所限制进出口的野生动物或者其产品的，必须经国务院野生动物行政主管部门或者国务院批准，并取得国家濒危物种进出口管理机构核发的允许进出口证明书。海关凭允许进出口证明书查验放行。

涉及科学技术保密的野生动物物种的出口，按照国务院有关规定办理。

第二十五条　禁止伪造、倒卖、转让特许猎捕证、狩猎证、驯养繁殖许可证和允许进出口证明书。

第二十六条　外国人在中国境内对国家重点保护野生动物进行野外考察或者在野外拍摄电影、录像，必须经国务院野生动物行政主管部门或者其授权的单位批准。

建立对外国人开放的猎捕场所，应当报国务院野生动物行政主管部门备案。

第二十七条　经营利用野生动物或者其产品的，应当缴纳野生动物资源保护管理费。收费标准和办法由国务院野生动物行政主管部门会同财政、物价部门制定，报国务院批准后施行。

第二十八条　因猎捕野生动物造成农作物或者其他损失的，由猎捕者负责赔偿。

第二十九条　有关地方政府应当采取措施，预防、控制野生动物所造成的危害，保障人畜安全和农业、林业生产。

第三十条　地方重点保护野生动物和其他非国家重点保护野生动物的管理办法，由省、自治区、直辖市人民代表大会常务委员会制定。

第四章　法　律　责　任

第三十一条　非法捕杀国家重点保护野生动物的，依照关于惩治捕杀国家重点保护的珍贵、濒危野生动物犯罪的补充规定追究刑事责任。

第三十二条　违反本法规定，在禁猎区、禁猎期或者使用禁用的工具、方法猎捕野生动物的，由野生动物行政主管部门没收猎获物、猎捕工具和违法所得，处以罚款；情节严重、构成犯罪的，依照刑法第一百三十条的规定追究刑事责任。

第三十三条　违反本法规定，未取得狩猎证或者未按狩猎证规定猎捕野生动物的，由野生动物行政主管部门没收猎获物和违法所得，处以罚款，并可以没收猎捕工具，吊销狩猎证。

违反本法规定，未取得持枪证持枪猎捕野生动物的，由公安机关比照治安管理处罚条例的规定处罚。

第三十四条　违反本法规定，在自然保护区、禁猎区破坏国家或者地方重点保护野生动物主要生息繁衍场所的，由野生动物行政主管部门责令停止破坏行为，限期恢复原状，处以罚款。

第三十五条　违反本法规定，出售、收购、运输、携带国家或者地方重点保护野生动物或者其产品的，由工商行政管理部门没收实物和违法所得，可以并处罚款。

违反本法规定，出售、收购国家重点保护野生动物或者其产品，情节严重、构成投机倒把罪、走私罪的，依照刑法有关规定追究刑事责任。

没收的实物，由野生动物行政主管部门或者其授权的单位按照规定处理。

第三十六条　非法进出口野生动物或者其产品的，由海关依照海关法处罚；情节严重、构成犯罪的，依照刑法关于走私罪的规定追究刑事责任。

第三十七条　伪造、倒卖、转让特许猎捕证、狩猎证、驯养繁殖许可证或者允许进出口证明书的，由野生动物行政主管部门或者工商行政管理部门吊销证件，没收违法所得，可以并处罚款。

伪造、倒卖特许猎捕证或者允许进出口证明书，情节严重、构成犯罪的，比照刑法第一百六十七条的规定追究刑事责任。

第三十八条　野生动物行政主管部门的工作人员玩忽职守、滥用职权、徇私舞弊的，由其所在单位或者上级主管机关给予行政处分；情节严重、构成犯罪的，依法追究刑事责任。

第三十九条　当事人对行政处罚决定不服的，可以在接到处罚通知之日起十五日内，向作出处罚决定机关的上一级机关申请复议；对上一级机关的复议决定不服的，可以在接到复议决定通知之日起十五日内，向法院起诉。当事人也可以在接到处罚通知之日起十五日内，直接向法院起诉。当事人逾期不申请复议或者不向法院起诉又不履行处罚决定的，由作出处罚决定的机关申请法院强制执行。

对海关处罚或者治安管理处罚不服的，依照海关法或者治安管理处罚条例的规定办理。

第五章 附 则

第四十条 中华人民共和国缔结或者参加的与保护野生动物有关的国际条约与本法有不同规定的，适用国际条约的规定，但中华人民共和国声明保留的条款除外。

第四十一条 国务院野生动物行政主管部门根据本法制定实施条例，报国务院批准施行。

省、自治区、直辖市人民代表大会常务委员会可以根据本法制定实施办法。

第四十二条 本法自 1989 年 3 月 1 日起施行。

新华网 2004 年 8 月 29 日

附录二 中华人民共和国野生动物保护法实施条例

（2009 年 3 月 26 日）

第一章 总 则

第一条 为保护、拯救珍贵、濒危野生动物，保护、发展和合理利用野生动物资源，维护生态平衡，制定本法。

第二条 在中华人民共和国境内从事野生动物的保护、驯养繁殖、开发利用活动，必须遵守本法。

本法规定保护的野生动物，是指珍贵、濒危的陆生、水生野生动物和有益的或者有重要经济、科学研究价值的陆生野生动物。

本法各条款所提野生动物，均系指前款规定的受保护的野生动物。

珍贵、濒危的水生野生动物以外的其他水生野生动物的保护，适用渔业法的规定。

第三条　野生动物资源属于国家所有。

国家保护依法开发利用野生动物资源的单位和个人的合法权益。

第四条　国家对野生动物实行加强资源保护、积极驯养繁殖、合理开发利用的方针，鼓励开展野生动物科学研究。

在野生动物资源保护、科学研究和驯养繁殖方面成绩显著的单位和个人，由政府给予奖励。

第五条　中华人民共和国公民有保护野生动物资源的义务，对侵占或者破坏野生动物资源的行为有权检举和控告。

第六条　各级政府应当加强对野生动物资源的管理，制定保护、发展和合理利用野生动物资源的规划和措施。

第七条　国务院林业、渔业行政主管部门分别主管全国陆生、水生野生动物管理工作。省、自治区、直辖市政府林业行政主管部门主管本行政区域内陆生野生动物管理工作，自治州、县和市政府陆生野生动物管理工作的行政主管部门，由省、自治区、直辖市政府确定。

县级以上地方政府渔业行政主管部门主管本行政区域内水生野生动物管理工作。

第二章　野生动物保护

第八条　国家保护野生动物及其生存环境，禁止任何单位和个人非法猎捕或者破坏。

第九条　国家对珍贵、濒危的野生动物实行重点保护。国家重点保护的野生动物分为一级保护野生动物和二级保护野生动物。国家重点保护的野生动物名录及其调整，由国务院野生动物行政主管部门制定，报国务院批准公布。

地方重点保护野生动物，是指国家重点保护野生动物以外，由省、自治区、直辖市重点保护的野生动物。地方重点保护的野生动物名录，由省、自治区、直辖市政府制定并公布，报国务院备案。

国家保护的有益的或者有重要经济、科学研究价值的陆生野生动物名录及其调整，由国务院野生动物行政主管部门制定并公布。

第十条　国务院野生动物行政主管部门和省、自治区、直辖市政府，应当在国家和地方重点保护野生动物的主要生息繁衍的地区和水域，划定自然保护区，加强对国家和地方重点保护野生动物及其生存环境的保护管理。

自然保护区的划定和管理，按照国务院有关规定办理。

第十一条　各级野生动物行政主管部门应当监视、监测环境对野生动物的影响。由于环境影响对野生动物造成危害时，野生动物行政主管部门应当会同有关部门进行调查处理。

第十二条　建设项目对国家或者地方重点保护野生动物的生存环境产生不利影响的，建设单位应当提交环境影响报告书；环境保护部门在审批时，应当征求同级野生动物行政主管部门的意见。

第十三条　国家和地方重点保护野生动物受到自然灾害威胁时，当地政府应当及时采取拯救措施。

第十四条　因保护国家和地方重点保护野生动物，造成农作物或者其他损失的，由当地政府给予补偿。补偿办法由省、自治区、直辖市政府制定。

第三章　野生动物管理

第十五条　野生动物行政主管部门应当定期组织对野生动物资源的调查，建立野生动物资源档案。

第十六条　禁止猎捕、杀害国家重点保护野生动物，因科学研究、驯养繁殖、展览或者其他特殊情况，需要捕捉、捕捞国家一级保护野生动物的，必须向国务院野生动物行政主管部门申请特许猎捕证；猎捕国家二级保护野生动物的，必须向省、自治区、直辖市政府野生动物行政主管部门申请特许猎捕证。

竹狸高效养殖与加工利用一学就会

第十七条　国家鼓励驯养繁殖野生动物。

驯养繁殖国家重点保护野生动物的，应当持有许可证，许可证的管理办法由国务院野生动物行政主管部门制定。

第十八条　猎捕非国家重点保护野生动物的，必须取得狩猎证，并且服从猎捕量限额管理。

持枪猎捕的，必须取得县、市公安机关核发的持枪证。

第十九条　猎捕者应当按照特许猎捕证、狩猎证规定的种类、数量、地点和期限进行猎捕。

第二十条　在自然保护区、禁猎区和禁猎期内，禁止猎捕和其他妨碍野生动物生息繁衍的活动。

禁猎区和禁猎期以及禁止使用的猎捕工具和方法，由县级以上政府或者其野生动物行政主管部门规定。

第二十一条　禁止使用军用武器、毒药、炸药进行猎捕。

猎枪及弹具的生产、销售和使用管理办法，由国务院林业行政主管部门会同公安部门制定，报国务院批准施行。

第二十二条　禁止出售、收购国家重点保护野生动物或者其产品。因科学研究、驯养繁殖、展览等特殊情况，需要出售、收购、利用国家一级保护野生动物或者其产品的，必须经国务院野生动物行政主管部门或者其授权的单位批准；需要出售、收购、利用国家二级保护野生动物或者其产品的，必须经省、自治区、直辖市政府野生动物行政主管部门或者其授权的单位批准。

驯养繁殖国家重点保护野生动物的单位和个人可以凭驯养繁殖许可证向政府指定的收购单位，按照规定出售国家重点保护野生动物或者其产品。

工商行政管理部门对进入市场的野生动物或者其产品，应当进行监督管理。

第二十三条　运输、携带国家重点保护野生动物或者其产品出县境的，必须经省、自治区、直辖市政府野生动物行政主管部门或者其授权的单位批准。

第二十四条　出口国家重点保护野生动物或者其产品的，进出口中国参加的国际公约所限制进出口的野生动物或者其产品的，必须经国务院野生动物行政主管部门或者国务院批准，并取得国家濒危物种进出口管理机构核发的允许进出口证明书。海关凭允许进出口证明书查验放行。

涉及科学技术保密的野生动物物种的出口，按照国务院有关规定办理。

第二十五条　禁止伪造、倒卖、转让特许猎捕证、狩猎证、驯养繁殖许可证和允许进出口证明书。

第二十六条　外国人在中国境内对国家重点保护野生动物进行野外考察或者在野外拍摄电影、录像，必须经国务院野生动物行政主管部门或者其授权的单位批准。

建立对外国人开放的猎捕场所，必须经国务院野生动物行政主管部门批准。

第二十七条　经营利用野生动物或者其产品的，应当缴纳野生动物资源保护管理费。收费标准和办法由国务院野生动物行政主管部门会同财政、物价部门制定，报国务院批准后施行。

第二十八条　因猎捕野生动物造成农作物或者其他损失的，由猎捕者负责赔偿。

第二十九条　有关地方政府应当采取措施，预防、控制野生动物所造成的危害，保障人畜安全和农业、林业生产。

第三十条　地方重点保护野生动物和其他非国家重点保护野生动物的管理办法，由省、自治区、直辖市人民代表大会常务委员会制定。

第四章　法　律　责　任

第三十一条　非法捕杀国家重点保护野生动物的，依照关于惩治捕杀国家重点保护的珍贵、濒危野生动物犯罪的补充规定追究刑事责任。

竹狸高效养殖与加工利用一学就会

第三十二条　违反本法规定，在禁猎区、禁猎期或者使用禁用的工具、方法猎捕野生动物的，由野生动物行政主管部门没收猎获物、猎捕工具和违法所得，处以罚款；情节严重、构成犯罪的，依照刑法第一百三十条的规定追究刑事责任。

第三十三条　违反本法规定，未取得狩猎证或者未按狩猎证规定猎捕野生动物的，由野生动物行政主管部门没收猎获物和违法所得，处以罚款，并可以没收猎捕工具，吊销狩猎证。

违反本法规定，未取得持枪证持枪猎捕野生动物的，由公安机关比照治安管理处罚条例的规定处罚。

第三十四条　违反本法规定，在自然保护区、禁猎区破坏国家或者地方重点保护野生动物主要生息繁衍场所的，由野生动物行政主管部门责令停止破坏行为，限期恢复原状，处以罚款。

第三十五条　违反本法规定，出售、收购、运输、携带国家或者地方重点保护野生动物或者其产品的，由工商行政管理部门没收实物和违法所得，可以并处罚款。

违反本法规定，出售、收购国家重点保护野生动物或者其产品，情节严重、构成投机倒把罪、走私罪的，依照刑法有关规定追究刑事责任。

没收的实物，由野生动物行政主管部门或者其授权的单位按照规定处理。

第三十六条　非法进出口野生动物或者其产品的，由海关依照海关法处罚；情节严重、构成犯罪的，依照刑法关于走私罪的规定追究刑事责任。

第三十七条　伪造、倒卖、转让特许猎捕证、狩猎证、驯养繁殖许可证或者允许进出口证明书的，由野生动物行政主管部门或者工商行政管理部门吊销证件，没收违法所得，可以并处罚款。

伪造、倒卖特许猎捕证或者允许进出口证明书，情节严重、构成犯罪的，比照刑法第一百六十七条的规定追究刑事责任。

第三十八条　野生动物行政主管部门的工作人员玩忽职守、滥用职权、徇私舞弊的，由其所在单位或者上级主管机关给予行政处分；情节严重、构成犯罪的，依法追究刑事责任。

第三十九条　当事人对行政处罚决定不服的，可以在接到处罚通知之日起十五日内，向作出处罚决定机关的上一级机关申请复议；对上一级机关的复议决定不服的，可以在接到复议决定通知之日起十五日内，向法院起诉。当事人也可以在接到处罚通知之日起十五日内直接向法院起诉。当事人逾期不申请复议或者不向法院起诉又不履行处罚决定的，由作出处罚决定的机关申请法院强制执行。

对海关处罚或者治安管理处罚不服的，依照海关法或者治安管理处罚条例的规定办理。

第五章　附　　则

第四十条　中华人民共和国缔结或者参加的与保护野生动物有关的国际条约与本法有不同规定的，适用国际条约的规定，但中华人民共和国声明保留的条款除外。

第四十一条　国务院野生动物行政主管部门根据本法制定实施条例，报国务院批准施行。

省、自治区、直辖市人民代表大会常务委员会可以根据本法制定实施办法。

第四十二条　本法自 1989 年 3 月 1 日起施行。

附录三　广西壮族自治区陆生野生动物保护管理规定

（1994 年 7 月 29 日广西壮族自治区第八届人民代表大会常务委员会第 10 次会议通过；根据 1997 年 12 月 4 日广西壮族自治区第八届人民代表大会常务委员会第 31 次会议《关于修改〈广西壮族自治区陆生野生动物保护管理规定〉的决定》第 1 次修正；根

据 1998 年 6 月 26 日广西壮族自治区第九届人民代表大会常务委员会第 4 次会议《关于修改〈广西壮族自治区陆生野生动物保护管理规定〉的决定》第 2 次修正；根据 2004 年 6 月 3 日广西壮族自治区第十届人民代表大会常务委员会第 8 次会议《关于修改〈广西壮族自治区陆生野生动物保护管理规定〉的决定》第 3 次修正；根据 2012 年 3 月 23 日广西壮族自治区十一届人大常委会第 27 次会议通过的《广西壮族自治区人民代表大会常务委员会关于修改〈广西壮族自治区反不正当竞争条例〉等十九件地方性法规的决定》第 4 次修正）

第一条　为有效保护、发展和合理利用陆生野生动物资源，维护生态平衡，根据《中华人民共和国野生动物保护法》、《中华人民共和国陆生野生动物保护实施条例》和有关法律、法规，结合本自治区的实际情况，制定本规定。

第二条　本规定所称的陆生野生动物，是指受国家和自治区保护的珍贵、濒危、有益的和有重要经济、科学研究价值的陆生野生动物；所称野生动物产品，是指陆生野生动物的任何部分及其衍生物。

重点保护的陆生野生动物，是指国务院和自治区人民政府公布的重点保护野生动物名录中的陆生野生动物。非重点保护的陆生野生动物，是指国务院野生动物行政主管部门公布的受国家保护的、有益的和有重要的经济、科学研究价值的陆生野生动物名录中的陆生野生动物。

第三条　从国外进入本自治区行政区域内的陆生野生动物及其产品，属《濒危野生动植物种国际贸易公约》附录一、二物种的，分别按国家重点保护一、二级野生动物进行管理，属附录三物种的，按自治区重点保护野生动物进行管理。

第四条　县级以上人民政府林业行政主管部门主管本行政区域内陆生野生动物保护管理工作。

乡（镇）人民政府协助县级以上人民政府林业行政主管部门做好本行政区域内陆生野生动物保护管理工作。

第五条　陆生野生动物保护管理所需经费，由同级人民政府列入财政预算，统一安排。

第六条　工商、公安、海关、动植物检疫、公路、铁路、民航、航运、邮电、旅游、饮食服务等部门应当按各自的职责密切配合，做好陆生野生动物保护工作。

第七条　自治区建立陆生野生动物救护中心，各市根据需要可以建立陆生野生动物救护中心，负责对受伤、病残、受困、迷途的重点保护和环志的陆生野生动物以及依法没收的陆生野生动物进行救护和饲养管理工作。

第八条　鼓励对陆生野生动物进行驯养繁殖、科学研究工作。扶持具备资金、场地、技术、种源等条件的单位和个人开展陆生野生动物的驯养繁殖及科学研究工作。

林业行政主管部门监督、指导驯养繁殖陆生野生动物的单位和个人建立野生动物谱系、档案。

驯养繁殖重点保护陆生野生动物的，应当按照规定申请办理驯养繁殖许可证。不得超越许可证规定范围驯养繁殖重点保护陆生野生动物。

第九条　因科学研究、驯养繁殖、展览或者其他特殊情况，需要猎捕、收购、出售、邮寄、加工、利用自治区重点保护陆生野生动物及其产品的，按国家二级保护野生动物的规定办理。

第十条　经营利用陆生野生动物及其产品的单位和个人，必须取得林业行政主管部门核发的陆生野生动物经营利用许可证。

经营利用自治区重点保护陆生野生动物及其产品，由自治区人民政府林业行政主管部门核发陆生野生动物经营利用许可证；经营利用非重点保护的陆生野生动物及其产品，由市、县人民政府林业行政主管部门核发陆生野生动物经营利用许可证。

陆生野生动物经营利用许可证核发办法由自治区人民政府

林业行政主管部门制定。

第十一条　运输、携带、邮寄陆生野生动物及其产品，在本自治区行政区域内的，由县级以上人民政府林业行政主管部门出具运输证；出本自治区行政区域外的，由自治区人民政府林业行政主管部门或者其委托的单位出具运输证。铁路、公路、民航、航运、邮政等部门凭运输证给予办理承运、承邮手续。

运输证由自治区人民政府林业行政主管部门统一印发。运输证的核发办法由自治区人民政府林业行政主管部门制定。

第十二条　禁止任何单位和个人走私或者非法捕杀、收购、出售、加工、利用、运输、携带重点保护陆生野生动物及其产品，禁止为上述违法行为提供工具和场所。

第十三条　任何单位和个人不得利用重点保护陆生野生动物的产品制作、发布广告，不得利用重点保护陆生野生动物及其产品进行妨碍重点保护陆生野生动物资源保护的宣传。

宾馆、饭店、酒楼、餐厅、招待所和个体饮食摊点等，不得用重点保护陆生野生动物及其产品名称或者别称作菜谱招徕顾客。

第十四条　禁止伪造、倒卖、转让驯养繁殖许可证、运输证或者经营利用许可证。

第十五条　经自治区人民政府批准设立的木材检查站和经县级以上人民政府批准设立的野生动物保护站、自然保护区管理站，有权查验运输、携带、销售的陆生野生动物及其产品。

第十六条　海关、边防、动植物检疫部门对非法进出境的重点保护陆生野生动物及其产品应当依法扣留或者没收。

第十七条　各部门依法扣留、没收的陆生野生动物及其产品，应当及时移交林业行政主管部门按有关规定处理。

第十八条　对保护陆生野生动物或者举报、揭发、查处违反陆生野生动物保护法律、法规行为的有功单位和个人，对濒危、珍稀陆生野生动物物种进行拯救、饲养繁殖、科学研究等工作成绩突出的单位和个人，各级人民政府或者县级以上人民政府林业行政主管部门应当给予表彰和奖励。

第十九条　违法经管重点保护陆生野生动物及其产品，在集贸市场以外的，由林业行政主管部门依法查处；在集贸市场以内的，以工商行政管理部门为主依法查处，林业行政主管部门有权参与查处。查处案件时部门之间发生争议的，由同级人民政府协调解决。

第二十条　林业行政主管部门或者工商行政管理部门监督检查违反陆生野生动物保护管理法规的行为时，有下列职权：

（一）按照规定程序询问违法的行为人、利害关系人、证明人，制作询问笔录，并要求提供证明材料；

（二）调查违法行为的有关情况；

（三）查阅、复制与违法行为有关的合同、发票、账单、记录及其他资料；

（四）可以查封、扣留违法经营的陆生野生动物及其产品、违法行为使用的物品及工具、与违法行为有关的合同、发票、账单、记录及其他资料。

第二十一条　工商行政管理部门或者林业行政主管部门在依法采取查封、扣留措施时，应当制作查封、扣留决定书和清单并当场交付。查封、扣留陆生野生动物及其产品的，应当按照有关规定及时处理；查封、扣留其他物品的，其时间从作出书面决定之日起计算，最长不得超过六十日。

林业行政主管部门或者工商行政管理部门对所查封、扣留的物品应当妥善保管，不得动用、调换或者损毁。

对被查封、扣留而当时又无人认领的陆生野生动物及其产品，林业行政主管部门或者工商行政管理部门应当及时以公告形式通知其所有者前来认领。认领的期限由林业行政主管部门或者工商行政管理部门视陆生野生动物及其产品的具体情况确定，但最长不得超过 20 日。公告期满后无人认领的，由县级以上人民政府林业行政主管部门予以收缴。

第二十二条　林业行政主管部门或者工商行政管理部门在进行监督检查时，执法人员不得少于两人，并应当向当事人或者有关人员出示行政执法证件；不出示行政执法证件的，被检查的单位和个人有权拒绝检查。

第二十三条　林业行政主管部门或者工商行政管理部门在进行监督检查时，被检查的单位和个人应当在规定的时间内如实提供有关资料和情况，不得拒绝、拖延或者谎报。

第二十四条　有下列行为之一的，由县级以上工商行政管理部门或者林业行政主管部门在各自管理权限范围内视情节轻重给予处罚：

（一）违法捕杀国家重点保护陆生野生动物，情节显著轻微不需要判处刑罚的，没收猎获物、捕猎工具和违法所得，吊销特许猎捕证，并处以相当于猎获物价值十倍以下的罚款；猎获物价值难以确定的，根据猎获物的种类和数量，并处以十万元以下的罚款；没有猎获物的，处以一万元以下的罚款；

（二）在禁猎区、禁猎期或者使用禁用的工具、方法猎捕非国家重点保护陆生野生动物的，没收猎获物、猎捕工具和违法所得，处以相当于猎获物价值八倍以下的罚款；猎获物价值难以确定的，根据猎获物的种类和数量予以处罚，属于自治区重点保护陆生野生动物的，处以八万元以下的罚款，属于非重点保护陆生野生动物的，处以八千元以下的罚款；没有猎获物的，处以二千元以下的罚款；

（三）未取得狩猎证或者未按照狩猎规定猎捕非国家重点保护陆生野生动物的，没收猎获物和违法所得，处以相当于猎获物价值五倍以下的罚款；猎获物价值难以确定的，根据猎获物的种类和数量予以处罚，属于自治区重点保护陆生野生动物的，处以五万元以下的罚款，属于非重点保护陆生野生动物的，处以五千元以下的罚款；没有猎获物的，处以一千元以下的罚款；可以并处没收猎捕工具，吊销狩猎证；

（四）违法出售、收购、运输、携带、邮寄、加工、利用重点保护陆生野生动物或者其产品的，没收实物和违法所得，可以并处相当于实物价值十倍以下的罚款；实物价值难以确定的，可以根据实物的种类和数量予以处罚，属于国家重点保护陆生野生动物的，可以并处十万元以下的罚款，属于自治区重点保护陆生野生动物的，可以并处五万元以下的罚款；

（五）为违法收购、出售、捕杀、加工、利用、运输重点保护陆生野生动物及其产品提供工具、场所的，没收违法所得，可以并处一千元以上五万元以下的罚款；

（六）利用重点保护陆生野生动物的产品制作、发布广告的，利用重点保护陆生野生动物及其产品进行妨碍重点保护陆生野生动物资源保护的宣传的，或者以重点保护陆生野生动物及其产品的名称、别称作菜谱招徕顾客的，按照广告法的有关规定处罚，广告法没有规定的，处以五百元以上二千元以下的罚款；

（七）未取得驯养繁殖许可证或者超越许可证规定范围驯养繁殖重点保护陆生野生动物的，没收违法所得，处以三千元以下的罚款，可以并处没收陆生野生动物及其产品，吊销驯养繁殖许可证；

（八）伪造、倒卖、转让驯养繁殖许可证、运输证或者经营利用许可证的，吊销证件，没收违法所得，可以并处三百元以上五千元以下的罚款；

（九）违法出售、收购、运输、携带、邮寄、加工、利用非重点保护陆生野生动物及其产品的，没收实物及其违法所得，可以并处五千元以下的罚款。

第二十五条　违法经营陆生野生动物及其产品的，工商行政管理部门可以责令其停业，林业行政主管部门可以吊销其经营利用许可证。

第二十六条　违反野生动物保护法律、法规，构成犯罪的，由司法机关依法追究刑事责任。

第二十七条　林业行政主管部门在查处违反陆生野生动物保护法律、法规案件时，涉及水生野生动物的，可以依法一并查处，其他部门不再重复处罚。

第二十八条　当事人对行政处罚决定不服的，可以在接到行政处罚决定书之日起十五日内，向作出行政处罚决定机关的上一级行政机关申请复议；对上一级行政机关的复议决定不服的，可以在接到复议决定书之日起十五日内，向人民法院提起诉讼。当事人也可以在接到处罚决定书之日起十五日内，直接向人民法院起诉。当事人逾期不申请复议或者不向人民法院提起诉讼又不履行行政处罚决定的，由作出行政处罚决定的行政机关申请人民法院强制执行。

第二十九条　陆生野生动物保护行政管理部门的工作人员玩忽职守，滥用职权，徇私舞弊，包庇纵容违法者的，或者有关部门工作人员擅自处理被扣留、没收的陆生野生动物及其产品的，由所在单位或者其上级行政主管部门给予行政处分；构成犯罪的，依法追究刑事责任。

第三十条　对违反本管理规定的行为实施罚没款处罚，应当使用自治区财政部门统一印制的罚没收据。

罚没款及没收非法财物拍卖的款项，应当全部上缴国库。

第三十一条　本规定自 1994 年 7 月 29 日起施行。

 # 附录四　陆生野生动物驯养繁殖许可证审批操作规范及流程图

陆生野生动物驯养繁殖许可证审批操作规范

一、行政审批项目名称、性质

名称：陆生野生动物驯养繁殖许可证审批

性质：行政审核

二、行政审批适用范围、对象

适用范围：陆生野生动物驯养繁殖许可证审批

适用对象：公民、法人、其他组织

三、设定行政审批的依据

1. 事项设立的依据

《中华人民共和国野生动物保护法》第十七条"国家鼓励驯养繁殖野生动物。驯养繁殖国家重点保护野生动物的，应当持有许可证。许可证的管理办法由国务院野生动物行政主管部门制定。"

《中华人民共和国陆生野生动物保护实施条例》第二十二条"驯养繁殖国家重点保护野生动物的，应当持有驯养繁殖许可证。以生产经营为主要目的驯养繁殖国家重点保护野生动物的，必须凭驯养繁殖许可证向工商行政管理部门申请登记注册。"

《广西壮族自治区林业局转发国家林业局关于发布商业性经营利用驯养繁殖技术成熟的梅花鹿等54种陆生野生动物名单的通知》二"依法支持和规范陆生野生动物驯养繁殖业。对国家林业局林护发〔2003〕121号文件发布的54种陆生野生动物，要鼓励有条件的企业和农户积极驯养繁殖，使之成为我区群众脱贫致富奔小康的新的经济增长点。各级林业行政主管部门要按照我区《陆生野生动物驯养繁殖管理办法》和本文的要求，对辖区内的养殖单位进行一次检查和清理整顿，对符合条件和要求的，要给予大力支持和切实的服务，对达不到要求条件的，要及时提出限期整改意见，整改后达到要求的，应核准继续养殖，达不到要求的，要立即取缔。对尚未办理《驯养繁殖许可证》的，要限期于2003年11月30日前补办完毕。对54种以外的陆生野生动物，原则上不再办理新的许可证（科研、展示、医药卫生等特殊需要的除外）。已发《驯养繁殖许可证》的，要立即停止引进新种源，并将现存物种数量尽快处理，明年不再予以年审。今后，我区将重点扶持一批遵纪守法且经济实力雄厚，立地条件好，既有驯养繁殖经验，又有驯化野化技术的企业和个体户，让他们将一部分动物进行驯化野化放归大自然，以恢复大自然的生态系统，以此规范

竹狸高效养殖与加工利用一学就会

和带动整个陆生野生动物养殖业的发展，逐步形成符合生态效益、社会效益和经济效益，规范化、规模化的陆生野生动物驯养繁殖产业。"

2. 办理程序的依据

《广西壮族自治区陆生野生动物驯养繁殖许可证管理办法》第七条"申请办理《驯养繁殖许可证》的单位和个人，须向所在地县级以上（含县级）林业行政主管部门提出书面申请，并提供需要驯养、繁殖的陆生野生动物种类、数量、场地、设施及有关技术、资金等情况，申请办理国家一级重点保护野生动物《驯养繁殖许可证》的，除提供上述材料外，还需提供种源来源、场地使用证明和有工程资质单位编写的可行性研究报告，并填写《驯养繁殖许可证申请表》一式三份（国家一级、二级、广西重点保护的分开填写），由当地县级林业行政主管部门调查核实后在申请表上签署拟办意见，并对调查核实情况写出调查报告。对符合条件的，逐级上报，属国家一级保护的由国务院林业行政主管部门审批，属国家二级和广西重点保护以及三有保护的由自治区林业行政主管部门审批，经批准后，国家一、二级（蛤蚧、虎纹蛙除外）的《驯养繁殖许可证》由自治区林业行政主管部门核发；属自治区重点保护的（含蛤蚧、虎纹蛙）及三有保护动物的《驯养繁殖许可证》由市（不含县级市，下同）一级林业主管部门核发。核发《驯养繁殖许可证》使用野生动物管理专用章，并按规定收取工本费。各级林业行政主管部门应在收到申请后 20 个工作日内作出批准或不批准决定，不批准的应有文字说明。"

3. 申报条件与申报材料的依据

《广西壮族自治区陆生野生动物驯养繁殖许可证管理办法》第六条"申请办理《养殖许可证》的单位和个人，应具备下列条件：（一）有适宜驯养繁殖场地和笼舍、设备（场地不宜建在城市中心，人口密集区或居民住宅区）：1. 蛇类：一般不少于 500 米^2 面积的笼舍或蛇池。不同种类蛇分开饲养，同种蛇分种蛇、商品蛇、幼蛇饲养，且必须具备孵化小蛇的设施和饲养技术，所饲养种蛇的数量不少于 2000 条；2. 果子狸：饲养的笼舍不少于 300 米^2，所饲养的种群数量不少于 50 只，具备饲养繁殖、幼狸哺育及其活动的笼舍设施；3. 蛤蚧：饲养笼舍不少于 60m^2，具备种群、成体、幼体的饲养房且有内室和活动场的设施，掌握孵化和初生蛤蚧的养殖技术；4. 蛙类：养蛙的场地必须排水、灌水方便，蛙池应分为种蛙池、成蛙池、产卵池、蝌蚪池、幼蛙池的结构设施；5. 其他陆生野生动物的饲养面积、数量等由《驯养繁殖许可证》的林业行政主管部门具体规定或现场指导。（二）有与驯养、繁殖陆生野生动物的种类、数量相适应的资金、饲养人员和技术人员（技术人员资格定为大专院校相关专业毕业或相关专业技术职称、林业行政主管部门培训或有资格的相关单位（部门）培训的结业证）。（三）驯养繁殖陆生野生动物的种源和饲料来源有保证。"

四、行政审批数量

无限定。

五、行政审批条件

1. 有适宜陆生野生动物驯养繁殖的场地和笼舍、设备（场地不宜建在城市中心、人口密集区或居民住宅区）；

2. 有与驯养繁殖陆生野生动物的种类、数量相适应的资金、饲养人员和技术人员（技术人员资格认定为大专院校相关专业毕业或相关专业技术职称、林业行政主管部门培训或有资格的相关单位［部门］培训的结业证书）；

3. 驯养繁殖陆生野生动物的种源和饲料来源有保证。

六、申请材料目录

以下申请材料需提交一式五份

1. 申请人的申请报告

2. 野生动物驯养繁殖许可证申请表

3. 证明申请人身份的有效证明或材料

4. 与申请驯养繁殖的野生动物种类、规模相适应的驯养繁殖

竹狸高效养殖与加工利用—学就会

场所使用权、固定场所和必需的设施、资金储备和固定资产投入、饲养员技术能力等证明文件及相关照片

5. 种源来源证明材料

6. 饲料来源保障措施

七、申请书式样略

八、行政审批的具体权限

自治县林业局林政办在收到申请后，对所提供的有关资料初审及现场查验、核实，对符合规定条件的，签署审核意见上报市级林业局复核，由市林业局专办人员上送自治区林业局。

九、行政审批程序

（一）申请

申请人持所需申报材料，向县林业局林政办提出申请，工作人员接件。

（二）受理

工作人员对材料进行审查后，对申请材料存在不符合要求的，应向申请人说明，允许申请人当场完善后受理；对申请材料不齐全，或不符合法定形式的，当场一次性书面告知申请人应当补正的全部材料后，退回申请。

（三）初审

对申请材料齐全、有效，符合法定形式的，经县林业局审核同意后，工作人员通知申请人签字领取所申报材料及审核意见，由申请人向市政务服务中心市林业局窗口申报。

（四）审批

柳州市政务服务中心窗口工作人员交申报材料呈市局审查、局领导审批（需要报自治区林业局审批的，上报自治区林业局）

十、行政审批法定办结时间和承诺办结时间

行政审批法定办结时间：15 个工作日；

承诺办结时间：10 个工作日。

十一、行政审批流程图

陆生野生动物驯养繁殖、经营利用许可证核发事项审批流程图。

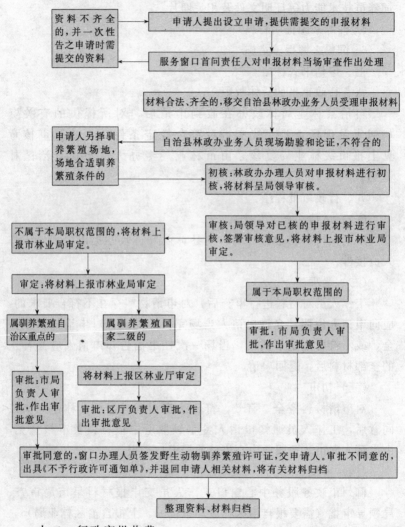

十二、行政审批收费

不收取费用。

十三、行政审批定期检查

不需定期检查。

附录五　广西壮族自治区陆生野生动物驯养繁殖经营利用和运输管理办法

(2011 年 10 月印发)

第一章　总　　则

第一条　为保护、发展和合理利用陆生野生动物资源，规范陆生野生动物驯养繁殖和经营利用行为，促进陆生野生动物驯养繁殖产业发展，根据《中华人民共和国野生动物保护法》、《广西壮族自治区陆生野生动物保护管理规定》和有关法律法规以及《国家重点保护野生动物驯养繁殖许可证管理办法》，结合本自治区实际，制定本办法。

第二条　在本自治区行政区域内从事陆生野生动物驯养繁殖、经营利用、运输等活动的单位、组织或个人，必须遵守本办法。

第三条　本办法所称陆生野生动物，是指受国家重点保护的、广西重点保护的和国家保护的有益的或有重要经济、科学研究价值的陆生野生动物，以及从国外进入我国后按国家和地方重点保护的陆生野生动物。

所称陆生野生动物产品，是指陆生野生动物的任何部分及其衍生物。

所称驯养繁殖，是指在人为控制条件下，为保护、救护、研究、科学试验、展览以及其他经济目的而进行的陆生野生动物驯养繁殖活动。

所称经营利用，是指从事陆生野生动物及其产品收购、出售、租借、交换、展览、实验、进出口、科研、观赏、加工以及其他以经济利益为目的的商业性贸易活动。

所称运输，是指包括携带、邮寄、利用他人、使用交通工具等方式运送陆生野生动物的行为。

第四条　从国外引进的陆生野生动物保护级别按照以下原则

确定：

属《濒危野生动植物种国际贸易公约》附录Ⅰ、Ⅱ、Ⅲ的物种，在我国有分布的，引进后按国内的保护级别管理。在我国没有分布的，引进后属附录Ⅰ的物种按国家Ⅰ级重点保护管理；附录Ⅱ的物种按国家Ⅱ级重点保护管理；属附录Ⅲ的物种按广西重点保护管理。

第五条　驯养繁殖、经营利用、运输陆生野生动物或者其产品的单位和个人，必须遵守以下规定：

（一）遵守国家和自治区有关野生动物保护管理的法律、法规、政策和国际公约；

（二）按照许可的种类、数量在有效时限内从事相关活动；

（三）按有关规定出售、利用野生动物及其产品；

（四）建立健全陆生野生动物驯养、繁殖、经营档案和统计制度；

（五）接受各级林业行政主管部门的检查、监督和指导。

第二章　陆生野生动物驯养繁殖管理

第六条　凡从事陆生野生动物驯养繁殖的单位或个人必须取得陆生野生动物驯养繁殖许可证。

驯养繁殖国家重点保护陆生野生动物的，使用国务院林业行政主管部门统一印制的《国家重点保护陆生野生动物驯养繁殖许可证》；

驯养繁殖非国家重点保护陆生野生动物的，使用自治区林业行政主管部门统一印制的《广西壮族自治区陆生野生动物驯养繁殖许可证》。

第七条　驯养繁殖的陆生野生动物种类应是国务院林业行政主管部门、自治区林业行政主管部门公布的养殖技术成熟的物种名录中的陆生野生动物。自治区林业行政主管部门根据养殖技术现状，适时公布养殖技术成熟的陆生野生动物名录。驯养繁殖实验用动物和展览、表演用动物不受本条所称名录的限制。

自治区林业行政主管部门根据保护需要和养殖及科研条件，

指定养殖单位对养殖技术尚未成熟的陆生野生动物种类进行试点驯养繁殖。根据试点情况，可决定继续进行试点或取消试点。

第八条　申请办理驯养繁殖许可证的单位和个人，应具备以下条件：

（一）有适宜陆生野生动物驯养繁殖场地和设施、设备；

（二）有与驯养、繁殖陆生野生动物的种类、数量相适应的资金、管理人员和技术人员；

（三）驯养、繁殖陆生野生动物的种源来源合法、饲料来源有保障；

（四）具备野生动物疫源疫病防控的技术与设施。

第九条　驯养繁殖许可证申请、审批和核发，按照林业行政主管部门行政许可事项公告的规定执行。核发驯养繁殖许可证应将许可证副本复印报上一级林业行政主管部门备案。

申请办理驯养繁殖许可证，应当提交以下材料：

（一）申请人的申请报告；

（二）《陆生野生动物驯养繁殖许可证申请表》；

（三）证明申请人身份的有效证明或材料，包括身份证、营业执照（或者《企业名称预先核准通知书》）、其他资质证明等；

（四）与申请驯养繁殖的陆生野生动物种类、规模相适应的驯养繁殖固定场所使用权、资金储备和固定资产投入、技术人员资格以及必需的养殖、检疫防疫、防动物逃逸设施等证明文件及相关照片；

（五）种源来源证明材料；

（六）饲料来源保障措施；

（七）安全保障措施；

（八）证明具备养殖技术的可行性研究报告或者技术方案等有关技术文件；

（九）林业行政主管部门规定的其他材料。

第十条　驯养繁殖陆生野生动物应当执行国务院和自治区人民政府林业主管部门制定的技术规范或准则。

第十一条　各养殖场应根据需要扩大养殖规模，提高养殖技术和疫病防治水平。

第十二条　采用"专业合作社"、"公司＋农户"的模式驯养繁殖陆生野生动物的，不得跨县域联合。取得陆生野生动物驯养繁殖许可证资格的法人必须与联合农户签订合作协议，报核发驯养繁殖许可证的机构备案。由法人统一管理、统一经营，并承担相应的法律责任。

第十三条　取得陆生野生动物驯养繁殖许可证的单位或个人，需要变更驯养繁殖地址、种类、法人代表等内容或者需要终止驯养繁殖活动的，向所在地县级林业行政主管部门提出申请，提交变更或者终止事项相关的证明材料及说明，并附驯养繁殖许可证。县级林业行政主管部门查验并提出意见，原核发驯养繁殖许可证的机关批准并办理变更或者终止手续。

第十四条　有下列情形之一的，核发陆生野生动物驯养繁殖许可证的机关可以注销其许可证，并依法进行处理：

（一）隐瞒、虚报或以其他非法手段取得陆生野生动物驯养繁殖许可证的；

（二）伪造、涂改、转让或倒卖陆生野生动物驯养繁殖许可证的；

（三）利用陆生野生动物驯养繁殖许可证非法收购、出售、利用陆生野生动物的；

（四）超出陆生野生动物驯养繁殖许可证规定驯养繁殖陆生野生动物种类的。

第十五条　取得陆生野生动物驯养繁殖许可证后1年未从事驯养繁殖活动的，核发驯养繁殖许可证的机关可以注销其驯养繁殖许可证。

不达到技术规范或技术要求驯养繁殖野生动物的，核发驯养繁殖许可证的机关应责令其限期整改，整改不合格的，注销其驯养繁殖许可证。

第十六条　被注销驯养繁殖许可证的单位和个人，应立即停止驯养繁殖野生动物活动，其驯养繁殖的陆生野生动物按有关规定处理。

第三章　陆生野生动物及其产品经营利用管理

第十七条　经营利用陆生野生动物或者其产品的单位、组织和个人，必须取得《广西壮族自治区陆生野生动物及其产品经营利用许可证》（简称经营利用许可证）。动物园、野生动物园、救护中心除外。

《广西壮族自治区陆生野生动物及其产品经营利用许可证》由自治区林业行政主管部门统一印制。

第十八条　餐饮企业仅限于经营利用国务院林业行政主管部门和自治区林业行政主管部门公布的养殖技术成熟的陆生野生动物名录的陆生野生动物或者其产品。

第十九条　经营利用陆生野生动物，以利用人工驯养繁殖资源为主，实行年度经营利用限额管理。各养殖单位的经营利用限额由核发经营利用许可证的林业行政主管部门核定下达，报上一级林业行政主管部门备案。

收购、出售、利用陆生野生动物或者其产品必须经林业行政主管部门批准，并核销年度经营利用限额数量。禁止收购未经批准出售的陆生野生动物或者其产品。

第二十条　办理经营利用许可证和收购、出售、利用陆生野生动物的申请、审批、核发，按照林业行政主管部门有关行政许可事项公告的规定执行。

第二十一条　申请办理经营利用许可证，需提交以下材料：

（一）申请人的申请报告；

（二）《广西壮族自治区陆生野生动物及其产品经营利用许可证申请表》；

（三）证明申请人身份的有效文件或材料，包括身份证、营业执照或者其他资质证明等；

（四）证明陆生野生动物及其产品合法来源的有效文件和材料，来源于驯养繁殖单位的，同时提交驯养繁殖许可证复印件；

（五）以协议方式经营利用陆生野生动物及其产品的协议复印

件（提供原件查验）。

第二十二条　申请收购、出售、利用陆生野生动物及其产品，需提交以下材料：

（一）申请人的申请报告；

（二）证明申请人身份的有效证件或材料；

（三）自治区陆生野生动物及其产品经营利用许可证；

（四）证明陆生野生动物及其产品合法来源的文件和材料，出售自繁所获的野生动物或者产品，提交驯养繁殖许可证复印件和经营利用限额批文；

（五）以协议方式出售、收购、利用陆生野生动物或其产品的协议复印件（提供原件查验）；

（六）林业行政主管部门规定的其他材料。

第二十三条　经营利用陆生野生动物及其产品的，必须按照经营利用许可证规定的经营种类和数量、经营地点、经营方式，在规定的有效期限内从事经营利用活动。需要变更经营种类和数量、经营方式、经营地点和法人代表的，向所在地县级林业行政主管部门提出申请，提交变更事项相关的证明材料及说明，并附经营利用许可证。县级林业行政主管部门查验并提出意见，原核发许可证的机关批准并办理变更手续。

第二十四条　林业行政主管部门应定期查验经营利用单位和个人的经营利用情况。

第二十五条　鼓励陆生野生动物产品的加工、生产企业采用"中国野生动物经营利用管理专用标识"，对其生产的陆生野生动物产品进行标记。专用标识的申办程序和手续按照国务院林业行政主管部门的相关规定执行。

熊胆、麝香、穿山甲片等国家已经实行强制性标记管理的野生动物产品，未经标记不得在市场上流通和销售。

第二十六条　利用陆生野生动物或者其产品举办展览、表演等活动的，必须经活动所在地文化、城市管理部门同意，持驯养繁殖许可证或经营利用许可证向林业主管部门提出申请。经活动所在地林业行政主管部门审查安全保障措施、突发事件应急措施、卫生防疫等事项符合有关规定并签署意见后，按经营利用陆生野生动物或者其产品的规定审批。

第二十七条　违法经营陆生野生动物及其产品的，林业行政主管部门可以注销其经营利用许可证，按照有关法律法规予以处理。

第四章　陆生野生动物及其产品运输管理

第二十八条　凡运输陆生野生动物或其产品出县境的，必须持有县级以上（含县级，下同）林业行政主管部门核发的陆生野生动物或其产品运输证（以下简称运输证）。

已取得经营利用许可证的企业，批准其利用陆生野生动物及其产品所生产的酒类、饮料，中成药制剂产品（有可辨认的陆生野生动物整体、部分或其衍生物晶体的除外）以及经标记的医药品、保健品、食品、工艺品、日用品、服饰等陆生野生动物成品的运输，不再办理运输证。

第二十九条　在广西境内运输的，使用自治区林业行政主管部门统一印制的《广西壮族自治区陆生野生动物（产品）区内运输证》；运出广西境外的，使用国务院林业行政主管部门统一印制的《陆生野生动物或其产品出省运输证明》。

第三十条　运输证的核发，按照林业行政主管部门有关行政许可事项公告的规定执行。自治区林业行政主管部门负责核发国家重点陆生野生动物及其产品的出省运输证，并委托设区市林业行政主管部门核发非国家重点陆生野生动物及其产品的出省运输证；自治区林业行政主管部门负责核发国家重点陆生野生动物及其产品的区内运输证，设区市林业行政主管部门负责核发自治区重点陆生野生动物及其产品的区内运输证，县级林业行政主管部门负责核发除自治区重点以外的三有陆生野生动物及其产品的区内运输证。

第三十一条　各级林业行政主管部门应指定专人或相对固定人员代表本机关核发运输证。运输证经办和核发人员必须经过培训，并持有自治区林业行政主管部门颁发的陆生野生动物运输证核发上岗资格证。

第三十二条　申请办理运输证，需提交以下材料：

（一）申请人的书面申请报告；

（二）批准出售、收购、利用的有效文件；

（三）陆生野生动物及其产品合法来源和用途的证明文件和材料。自繁所获的提交驯养繁殖许可证和经营利用限额批文；野外猎捕的提交《特许猎捕证》或者《狩猎证》；从境外进口的，提交海关进口货物报关单；

（四）需缴纳野生动物资源保护管理费的，提交缴费证明；

（五）因特殊原因造成运输证未使用或超过有效时限需重新核发的，应书面说明理由并提交相关证明材料。

第三十三条　申请人应对其所提交材料的真实性、合法性和有效性负责。以欺骗等不正当手段取得运输证的，核发机关可以撤销其运输证，造成的一切后果，由申请人负责。

核发运输证的人员应对申请人提交材料的真实性、合法性和有效性进行审查，必要时应查验实物。

第三十四条　因样品鉴定、收容救护等特殊原因，需运输非正常来源野生动物或者其产品到指定机构或单位的，凭处理非正常来源野生动物或者其产品的批准文件，由所在地县级以上林业行政主管部门出具运输证，在备注栏注明运输原因。

第三十五条　运输证应设专人负责管理，负责运输证的发放、回收、归档保管。运输证由设区市林业行政主管部门统一领取、回收，并及时上缴使用后的出省运输证。使用后的出省运输证和国家重点保护野生动物的区内运输证由自治区林业行政主管部门负责保存，自治区重点保护野生动物的区内运输证由设区市林业行政主管部门负责保存，三有陆生野生动物及其产品的区内运输证由县级林业行政主管部门负责保存。已核发使用的运输证存根，保存期为二年。

第三十六条　承运陆生野生动物或其产品的铁路、交通、民航、邮政等部门和运输业主应凭运输证办理承运手续，有下列情形之一的，应拒绝承运：

（一）野生动物或者其产品无运输证的；

（二）收货人、发货人、启运地、目的地、运输方式、规定期限、野生动物或其产品名称、数量或重量与运输证记载不符的；

（三）使用伪造、涂改的运输证或野生动物产品标识的。

第五章　附　则

第三十七条　本办法从印发之日起施行。2003年4月1日广西壮族自治区林业局印发的《广西壮族自治区陆生野生动物驯养繁殖许可证管理办法》、《广西壮族自治区陆生野生动物经营利用许可证管理办法》、《广西壮族自治区陆生野生动物运输证核发管理办法》（桂林护发〔2003〕13号）同时废止。

附录六　广西壮族自治区林业厅关于下放陆生野生动物驯养繁殖、经营利用许可证核发的方案

（发布机构：柳州市林业局　发文日期：2012年05月17日）

根据自治区人民政府关于全面开展扩权强县工作的有关规定，自治区林业厅决定将本厅实施审批的"陆生野生动物驯养繁殖、经营利用许可证核发"下放下级林业行政主管部门实施审批。为了做好该行政审批项目的下放工作，特制定本方案。

第一条　行政审批项目的名称及其性质

（一）行政审批项目的名称：陆生野生动物驯养繁殖、经营利用许可证核发

（二）行政审批项目的性质：行政许可

第二条　行政审批项目的设定依据《中华人民共和国野生动物保护法》第十七条第二款、《中华人民共和国陆生野生动物保护实施条例》第二十二条项、第八条第三款、《广西壮族自治区陆生

野生动物保护管理规定》第十条第一款。

第三条　行政审批项目的下放主体和接收主体

（一）下放主体：自治区林业厅。

（二）接收主体：设区市、县级林业行政主管部门。

第四条　行政审批项目的下放方式和下放程度

（一）下放方式：部分直接下放；部分委托下放。

（二）下放程度：部分下放。

第五条　下放后的行政审批权限

（一）直接下放后的行政审批权限

①本厅负责审批：国家二级保护陆生野生动物驯养繁殖许可证、陆生野生动物经营利用的许可证（虎纹蛙除外）；②设区市林业行政主管部门负责审批：非国家重点保护的自治区重点保护陆生野生动物驯养繁殖许可证及自治区重点保护陆生野生动物经营利用许可证；③县级林业行政主管部门负责审批：非国家及非自治区重点保护的其它陆生保护野生动物驯养繁殖、经营利用的许可证。

（二）委托下放后的行政审批权限设区市林业行政主管部门负责办理虎纹蛙的驯养繁殖许可证、经营利用的许可证的签发。

第六条　行政审批项目的下放和接收时间

自本方案公布之日起，本厅负责办理第五条第（一）项第1目规定的行政审批项目；设区市、县级林业行政主管部门分别负责办理第五条第（一）项第2、3目规定的行政审批项目；本厅不再对第五条第（一）项第2、3目规定的行政审批项目负责办理。

设区市林业行政主管部门以自治区林业厅的名义办理第五条第（二）项规定的行政审批项目，自治区林业厅不再办理。

 ## 附录七　竹狸夏季降温消暑十项措施

自然野生竹狸适宜在8～28℃环境中生活，人工饲养后，适应能力有所增强，在29～34℃环境中实行科学饲养管理生长发育良好。但当室温高达35℃以上、室内通风不良、饲料中水分不足时，个体肥壮的竹狸极易发生中暑死亡。因此，气温高达35℃时人工饲养竹狸应采取特殊的降温消暑综合措施。

（1）增喂多汁饲料。竹狸夏季高温中暑死亡多因缺水引起，而竹狸本身又没有饮水习惯。所以，为了补充水分，在喂给竹狸的青粗料中，凉薯、西瓜皮等多汁饲料应占50%，即每只成年竹狸每天不少于75克，分两次投喂。（2）精饲料（一般用全价肉用种鸡料）应以稀粥拌喂，粥应占40%。平时喂精料用水拌湿洒在地板上饲喂的，应改为碗碟饲喂，防止水分流失。（3）尽可能增加青粗料的含水量。饲喂玉米芯、玉米秆等含水少的粗饲料时，先用洁净的冷水浸透后再喂。喂青料次数由每天1次增加至2次。（4）降低放养密度。小池饲养每池大狸不能超过2只，小狸不能超过5只，中池饲养的大狸4只，小狸8只，大池饲养每平方米3只。大中池饲养的要防止晚上成堆挤在一起睡觉热死。（5）在楼顶建池饲养的应移到地面阴凉处度夏。无法移到地面饲养的，要在池里垫15厘米厚的细沙，每天须在细沙上浇3~4次凉水。在地面饲养的也应在大池的一角堆湿沙。（6）在大中池里堆放青枝绿叶，在小池内铺放嫩竹叶和青草。每两天更换1次，保持新鲜。这样能减少热辐射，使竹狸感到清新凉爽。（7）白天狸舍放窗帘，防止阳光晒到鼠池。放窗帘后，室内闷热，要用电扇降温。但竹狸怕风，电风扇不能直接吹到竹狸身上，应让电扇吹到墙上，促使室内空气流动降温。晚上要开门、掀开窗帘，让空气对流降温。（8）山区农村饲养竹狸的可补喂清凉解毒药物饲料。用金银花藤、茅草根、嫩竹叶和大清叶代替部分青炯料。（9）往池内浇水降温。一次浇水不宜太多，以地面湿而不积水为宜，每天浇3~4次。（10）每天早中晚检查3次。发现竹狸中暑要立即捉出来抢救。抢救方法：用湿沙将竹狸全身埋住，只露出鼻子眼睛。轻度中暑的竹狸湿沙埋藏10~15分钟可苏醒康复。

参考文献

[1] 陈梦林，韦永梅．竹鼠养殖技术．南宁：广西科学技术出版社，1998．

[2] 陈梦林，韦永梅．竹狸高产绝招秘术．南宁：广西馨桂经济动物研究所，2000．

[3] 陈梦林，韦永梅等．高效生态养竹鼠新技术．南宁：广西科学技术出版社，2013．

[4] 宋兴超等．我国竹鼠资源种类、价值及人工驯养前景．吉林：特种经济动植物，2009.2

欢迎订阅养殖类同类书

书号	书 名	定价/元
9787122155610	水产致富技术丛书——福寿螺田螺高效养殖技术	21
9787122154811	水产致富技术丛书——对虾高效养殖技术	21
9787122150011	水产致富技术丛书——水蛭高效养殖技术	23
9787122149824	水产致富技术丛书——经济蛙类高效养殖技术	21
9787122143907	水产致富技术丛书——泥鳅高效养殖技术	23
9787122143846	水产致富技术丛书——黄鳝高效养殖技术	23
9787122135476	水产致富技术丛书——龟鳖高效养殖技术	19.8元
9787122131621	水产致富技术丛书——淡水鱼高效养殖技术	23
9787122131386	水产致富技术丛书——河蟹高效养殖技术	18
9787122131638	水产致富技术丛书——小龙虾高效养殖技术	23
9787122184139	水产养殖看图治病丛书——黄鳝泥鳅疾病看图防治	29
9787122183910	水产养殖看图治病丛书——常见虾蟹疾病看图防治	35
9787122183897	水产养殖看图治病丛书——观赏鱼疾病看图防治	35
9787122182401	水产养殖看图治病丛书——常见淡水鱼疾病看图防治	35
9787122137548	家庭养殖致富丛书——肉羊规模化高效生产技术	23
9787122177667	怎样办好养殖场系列——怎样科学办好蝇蛆养殖场	18
9787122099747	农村书屋系列——蝇蛆高效养殖技术一本通	15
9787122187994	怎样办好养殖场系列——怎样科学办好黄粉虫养殖场	20
9787122128270	农村书屋系列——黄粉虫高效养殖有问必答	15
9787122021946	农村书屋系列——黄粉虫高效养殖技术一本通	13
9787122204011	黄粉虫高效养殖与加工利用一学就会	15
9787122207210	蝗虫高效养殖与加工利用一学就会	18
待定	地鳖虫高效养殖与加工利用一学就会	待定

如需以上图书的内容简介、详细目录以及更多的科技图书信息，请登录 www. cip. com. cn。

邮购地址：(100011) 北京市东城区青年湖南街 13 号　化学工业出版社

服务电话：010-64518888，64518800（销售中心）

如要出版新著，请与编辑联系：010-64519351；393499662@qq.com

附录八　竹狸高产创新模式实用技术一览表

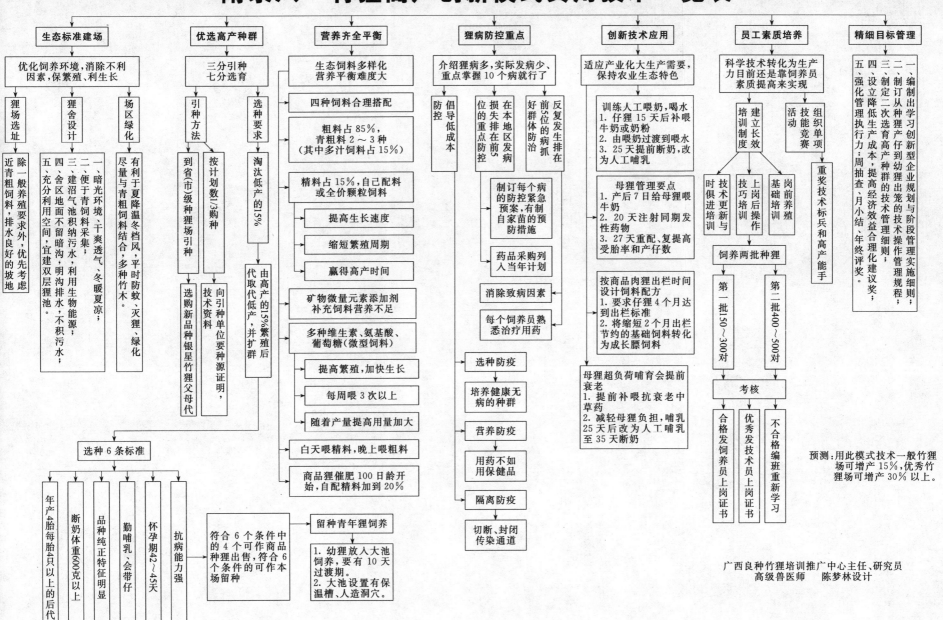

生态标准建场

优化饲养环境,消除不利因素,保繁殖、利生长

- 狸场选址
  除一般养殖要求外,近青粗饲料,排水良好的坡地

- 狸舍设计
  一、暗光环境,干爽透气,冬暖夏凉;
  二、便于青粗饲料采集;
  三、建沼气池积存污水,利用生物能源;
  四、舍地面不留暗沟,明沟排水,不积污水;
  五、充分利用空间,宜建双层狸池。

- 场区绿化
  有利于夏降温冬档风,平时防蚊、灭狸、绿化尽量与青粗饲料结合,多种竹木。

优选高产种群

三分引种七分选育

- 引种方法
  - 到省(市)级种狸场引种
    选购新品种银星竹狸父母代
  - 按计划划数1/3购种
    向引种单位要种源证明,技术资料

- 选种要求
  - 淘汰低产的15%
    代取代低产,并扩群
  - 由高产的15%繁殖后

选种6条标准

- 年产4胎每胎4只以上的后代
- 断奶体重600克以上
- 品种纯正特征明显
- 勤哺乳、会带仔
- 怀孕期42～45天
- 抗病能力强

符合6个条件中的4个可作商品种狸出售,符合6个条件的可作本场留种

- 留种青年狸饲养
  1. 幼狸放入大池饲养,要有10天过渡期。
  2. 大池设置有保温槽、人造洞穴。

营养齐全平衡

生态饲料多样化营养平衡难度大

- 四种饲料合理搭配
  粗料占85%,青粗料2～3种(其中多汁饲料占15%)

- 精料占15%,自己配料或全价颗粒饲料
  - 提高生长速度
  - 缩短繁殖周期
  - 赢得高产时间

- 矿物微量元素添加剂补充饲料营养不足

- 多种维生素、氨基酸、葡萄糖(微型饲料)
  - 提高繁殖,加快生长
  - 每周喂3次以上
  - 随着产量提高用量加大

- 白天喂精料,晚上喂粗料

- 商品狸催肥100日龄开始,自配精料加到20%

狸病防控重点

介绍狸病多,实际发病少,重点掌握10个病就行了

- 防控倡导低成本
- 在本地区发病的重点防控
- 前5位的重点病抓好群体防治
- 反复发生排在前5位的损失在在前5位的病抓
- 反复发生排在前5位的病抓

制订每个病的防控紧急预案,有制自家苗的预防措施

药品采购列入当年计划

消除致病因素

每个饲养员熟悉治疗用药

- 选种防疫
- 培养健康无病的种群
- 营养防疫
- 用药不如用保健品
- 隔离防疫
- 切断、封闭传染通道

创新技术应用

适应产业化大生产需要,保持农业生态特色

训练人工喂奶,喝水
1. 仔狸15天后补喂牛奶或奶粉
2. 由喂奶过渡到喂水
3. 25天提前断奶,改为人工哺乳

母狸管理要点
1. 产后7日给母狸喂牛奶
2. 20天注射同期发性药物
3. 27天重配、复提高受胎率和产仔数

按商品肉狸出栏时间设计饲料配方
1. 要求仔狸4个月达到出栏标准
2. 缩短2个月出栏节约的基础饲料转化为成长膘饲料

母狸超负荷哺育会提前衰老
1. 提前补喂抗衰老中草药
2. 减轻母狸负担,哺乳25天后改为人工哺乳至35天断奶

员工素质培养

科学技术转化为生产力目前还是靠饲养员素质提高来实现

- 培训制度建立长效
  - 技术更新与时俱进培训
  - 上岗后操作技巧培训
  - 岗前养殖基础培训
- 活动技能竞赛
- 组织单项重奖技术标兵和高产能手

饲养两批种狸

- 第一批150～300对
- 第二批400～500对

考核

- 合格发饲养员上岗证书
- 优秀发技术员上岗证书
- 不合格编班重新学习

精细目标管理

一、编制出学习创新型企业规划与阶段管理实施细则;

二、制订从种狸产仔到幼狸出笼的技术操作管理规程;

三、制定二次选育高产种群的技术管理细则;

四、设立降低生产成本,提高经济效益合理化建议奖;

五、强化管理执行力:周抽查、月小结、年终评奖。

预测:用此模式技术一般竹狸场可增产15%,优秀竹狸场可增产30%以上。

广西良种竹狸培训推广中心主任、研究员
高级兽医师　陈梦林设计